User Experience Identity

Felix van de Sand

User Experience Identity

Mit Neuropsychologie digitale
Produkte zu Markenbotschaftern
machen

Danksagung

Ich danke Rebecca für ihre Liebe, Freddy für das Weisen des Weges, Joseph für die Illustrationen, Dominik für die Fotografien und der COBE Familie für die Unterstützung und die Zeit, die sie mir für das Projekt zur Verfügung gestellt hat.

Inhaltsverzeichnis

1   **Einleitung: Das Zeitalter des Kunden** 1
    Literatur 6

2   **Customer Experience ist User Experience**
    ist Brand Experience 7
    2.1   Customer Experience 7
    2.2   User Experience 8
    2.3   Customer Experience und User Experience als Erfolgsfaktor 9
    2.4   User Experience ist Customer Experience 13
    2.5   User Experience ist Brand Experience 15
    2.6   User Experience wirkt unterbewusst 15
    Literatur 17

3   **Wie „Experience" im Gehirn funktioniert** 19
    3.1   Die Anatomie des menschlichen Gehirns 20
    3.2   Das limbische System 21
    3.3   Die Hauptkomponenten einer Nervenzelle 22
    3.4   Hirnforschung versus Marketing-Mythen 24
    Literatur 26

4   **Wahrnehmung und Aufmerksamkeit** 27
    4.1   Kognitive Psychologie? 27
    4.2   Wahrnehmung und Aufmerksamkeit 28
        4.2.1   Wahrnehmung 28
        4.2.2   Aufmerksamkeit 30
    Literatur 31

**5   Was uns antreibt: Emotionen, Motive
     und Persönlichkeitsmerkmale**   33
     5.1   Belohnungs- und Vermeidungssystem   34
     5.2   Motive und Ziele   34
     5.3   Persönlichkeitsmerkmale des Menschen   38
     5.4   Der Mensch als Herdentier................................   41
     5.5   Relevanz, Glaubwürdigkeit und Differenzierung..............   42
     Literatur..   44

6   Neuromarketing und der Traum vom gläsernen Konsumenten.....   45
     6.1   Der Ursprung des Neuromarketings.........................   45
           6.1.1   Die Neuroökonomie   46
           6.1.2   Die Neurowissenschaften   46
           6.1.3   Das Neuromarketing...............................   47
     6.2   Pilot und Autopilot.......................................   48
           6.2.1   Autopilot..   48
           6.2.2   Pilot..   49
           6.2.3   Das Modell des Gehirns von Daniel Kahnemann.........   49
     6.3   Die Marktforschungsmethoden des Neuromarketings...........   51
           6.3.1   Funktionelle Magnetresonanztomografie (fMRT)   52
           6.3.2   Elektroenzephalografie (EEG)   53
           6.3.3   Steady State Topography (SST)   54
           6.3.4   Exkurs: Eye-Tracking.............................   55
     Literatur..   55

7   Codes: Produkte und die Geschichten, die sie erzählen   57
     7.1   Wie Codes unser Verhalten steuern   59
     7.2   Multisensorik   62
           7.2.1   Kommunikation über die Sinneskanäle   62
           7.2.2   Embodiment   64
     7.3   Sprache...   65
     7.4   Symbolik   67
     Literatur..   69

**8   Digitale Produkte mit Identität und der Mehrwert
     von markengetriebenem User Experience Design**   71
     8.1   Interfaces als Gesichter einer Marke   71
     8.2   User Experience als Verkörperung der Marke   78
     8.3   Die UXi-Methode..   82
           8.3.1   Semantische Karte   82

8.3.2   Konstituierende Signale und Erfahrungswissen   83

8.3.3   Implizite Codes und UX   89

8.4   Fallbeispiel HypoVereinsbank Mobile Banking App   94

Literatur   99

9   Fazit   101

Literatur   104

Über den Autor

Quelle: COBE

Felix van de Sand ist geschäftsführender Gesellschafter und Director Design Strategy der Münchner UI/UX Design Agentur COBE. Nach Abschluss seines Diploms in Produkt-Design an der Bauhaus-Universität Weimar arbeitete er für mehrere Jahre als Design-Stratege im Bereich Industrial Design bei designaffairs, bevor er mit der Gründung von COBE mit drei Partnern im Jahr 2012 auf die digitale Seite wechselte. Bei COBE verantwortet er den Bereich Design Strategy und trägt dafür Sorge, dass jedes gestaltete und entwickelte Produkt die Werte der dahinterstehenden Marke kommuniziert.

Abbildungsverzeichnis

Abb. 2.1   Angelehnt an das Umbrella-Modell von Dan Willis. 9

Abb. 2.2   Customer-Experience-Führer schlagen S&P-Index
und Customer-Experience-Verweigerer. 10

Abb. 2.3   Designgetriebene Unternehmen schlagen S&P500.. 12

Abb. 2.4   User Experience als integraler Bestandteil der
Customer Experience. 14

Abb. 3.1   Regionen des Gehirns. 20

Abb. 3.2   Das limbische System. 21

Abb. 3.3   Aufbau der Nervenzelle.. 23

Abb. 3.4   Lage der Amygdala und des Hippocampus im Gehirn. 25

Abb. 4.1   Stadien der Wahrnehmung. 29

Abb. 5.1   Die drei Kernziele des Menschen. 36

Abb. 6.1   Pilot und Autopilot nach Kahnemann. 50

Abb. 8.1   Physische Distanz und emotionale Distanz (COBE GmbH) . . . 73

Abb. 8.2   EU Parlament. 74

Abb. 8.3   Königin Elizabeth II und Thron. 74

Abb. 8.4   Apple MacBook und iPhone 6 76

Abb. 8.5   Schaubild mentale Konzepte 76

Abb. 8.6   Screenshot www.apple.com 77

Abb. 8.7   Apple Store. 77

Abb. 8.8   iOS, Blackberry OS, Windows Phone OS 79

Abb. 8.9   Gestaltung einer fiktiven Lauf-App auf Basis
drei unterschiedlicher Markenwerte. 81

Abb. 8.10   Semantic Map. 82

Abb. 8.11   Moodboard Erfahrungswissen „Leichtigkeit". 86

Abb. 8.12   Moodboard Erfahrungswissen „Dynamik". 87

Abb. 8.13   Moodboard Erfahrungswissen „Empathie". 88

Abb. 8.14   Moodboard Codes „Leichtigkeit".......................   90
Abb. 8.15   Moodboard Codes „Dynamik"..........................   91
Abb. 8.16   Moodboard Codes „Empathie".........................   92
Abb. 8.17   HVB Kampagne „Anspruch"...........................   95
Abb. 8.18   Screenshots HVB Mobile Banking App im Apple
            App Store; Stand 11/2015   96
Abb. 8.19   HVB Mobile Banking App nach dem Relaunch
            im Sommer 2016: Log-in Screen, Kontoübersicht,
            Splash Screen......................................   97
Abb. 8.20   Auszug HVB Mobile Banking App UX Styleguide..........   97

Einleitung: Das Zeitalter des Kunden

Es sind stürmische Zeiten für das Marketing. Unternehmen investieren massiv in die Kommunikation ihrer Marke, um beim Konsumenten Relevanz und Glaubwürdigkeit zu erzeugen und gleichzeitig eine Differenzierung vom Wettbewerb sicherzustellen. Dabei interagieren diese Unternehmen mithilfe ihrer Marken inzwischen über zahlreiche Kanäle mit potenziellen und bestehenden Kunden, ob über die klassische Werbung, am POS, im Customer Service oder über Social Media. Sie sind ständigem Nutzer-Feedback ausgesetzt (beispielsweise über Facebook oder Twitter) und somit zu einer ständigen Reaktions- und Wandlungsfähigkeit gezwungen. Analysten von Forrester Research zufolge (Forrester 2016) leben wir im „Zeitalter des Kunden": Ihre Studie besagt, dass im Jahr 2016 die Unternehmen, die noch den traditionellen Prioritäten in den Bereichen CRM und Marketing anhängen, gegenüber jenen, die ein kundenzentriertes Betriebsmodell umzusetzen wissen, stark ins Hintertreffen geraten werden. Unternehmen und ihre Marken müssen sich wegbewegen von reinen Markenbildern und starren Botschaften hin zu einem Verständnis der Marke als flexibles, aber im Kern konstantes Interaktionsmuster (Shillum 2011), das größtenteils über digitale Kanäle kommuniziert wird.

Dieses Muster gilt es, gezielt und über alle Touchpoints hinweg konsistent zu gestalten, sei es in der Werbung, beim Corporate Design, beim Corporate Behaviour, auf den Social-Media-Kanälen, im Umgang mit menschlichen Ansprechpartnern oder Tools und Produkten eines Unternehmens. Nur so kann beim Konsumenten nachhaltiges Vertrauen erzeugt werden. Einer dieser Touchpoints, die mehr und mehr an Gewicht gewinnen, sind die digitalen Produkte eines Unternehmens: Apps, Websites, Interfaces. Über diese Schnittstellen interagieren Nutzer immer häufiger mit einem Unternehmen. So findet zum Beispiel der Kontakt mit einer Bank heute wahrscheinlich häufiger über eine Website oder eine Mobile Banking App statt als über den Besuch einer Filiale, die Werbung

© Springer Fachmedien Wiesbaden GmbH 2017
F. van de Sand, *User Experience Identity*,
DOI 10.1007/978-3-658-15959-7_1

oder eine Hotline. Trotzdem wird diesen digitalen Produkten aus Marken- und Marketing-Sicht zu wenig Aufmerksamkeit zuteil. Noch immer werden digitale Produkte rein auf Basis von Funktionen und/oder bestenfalls aus Nutzersicht entwickelt, ohne dass das Thema Marke einen Eingang in den Produktentwicklungsprozess findet. Dabei bieten diese Kanäle die Möglichkeit, Markenbotschaften und Unternehmensidentitäten nachhaltig in den Köpfen der Nutzer zu verankern.

Denn es sind Begriffe wie Reizüberflutung, Low Involvement und Information Overload, mit denen sich das Marketing heutzutage auseinandersetzen muss. Die Autoren Scheier und Held haben in ihrem Buch „Wie Werbung wirkt" folgende Daten erhoben: „Allein in Deutschland werden über 50.000 Marken aktiv beworben", darüber hinaus „kommen jedes Jahr 26.000 neue Produkte auf den Markt" (Scheier und Held 2006). Zudem wachsen die Ausgaben im Bereich Marketing kontinuierlich. Die Etats für Online-Kommunikation steigen dabei stark an, während die Ausgaben für klassische Werbemaßnahmen tendenziell sinken. Es bleibt anzumerken, dass trotz des prozentualen Wachstums der Etats der nicht-klassischen Medien die Gesamtsumme der klassischen Etats noch immer höher ist, da auch die Kosten hier wesentlich höher sind als jene der Online-Kommunikation.

Immer mehr Produkte werden immer stärker auf immer mehr Kanälen beworben, und die Bandbreite der Wahrnehmung der Konsumenten für die Produktwelten ist breit gefächert: Im Idealfall (aus Sicht der Hersteller) trägt das beworbene Produkt im maslowschen Sinne zur Selbstverwirklichung und Identitätsstiftung des Konsumenten bei und erweckt in der Folge sein signifikantes Interesse (Bär et al. 2007, S. 205).

Ein großer Anteil der potenziellen Kunden sieht die Mehrzahl der Vermarktungsaktionen indes in einem Spektrum von „gelangweilt" über „desinteressiert" bis zu „distanziert" und „kritisch". In diesem Umfeld ist es für den Vermarkter schwierig, den Konsumenten zum Einsatz seiner knappen Ressourcen für „sein" Produkt zu bewegen. Bei der Mehrheit der Konsumenten setzt ein nachhaltiger Lern- und Gewöhnungseffekt ein, der Kunde hat sich emanzipiert: Er ist sich der Marketingauftritte, von subtil bis aggressiv, der Hersteller bewusst, erkennt durchaus die Zielsetzungen und sieht das „Vermarktungs- und Marketingsystem" zunehmend aufgeklärt. Unternehmen klagen immer mehr über ein „Low Involvement", ihre klassisch ausgelegten Kampagnen finden nicht mehr ihren Weg in das Bewusstsein des Konsumenten.

Im Hinblick auf die Informationsflut, mit der jeder Mensch und damit Konsument in industrialisierten Marktwirtschaften im täglichen Leben konfrontiert ist, verwundert das Low Involvement nicht. Die Reizüberflutung und das knappe Gut „Zeit" haben fast zwingend eine reduzierte Auseinandersetzung mit Produkten bzw.

Marken im Alltag zur Folge. Der Konsument ist permanent, neben zahlreichen anderen Themen aus Politik, Sport, Freizeit etc., mit Marketingaktionen konfrontiert. Er muss zwangsläufig aus zeitlichen Gründen, aber auch infolge seiner Interessenlage, seine Aufnahmekapazitäten filtern und Prioritäten setzen. Ein potenzieller Kunde beschäftigt sich im Schnitt nur wenige Sekunden mit einer Werbebotschaft und somit mit der dahinterstehenden Marke. So binden beispielsweise Anzeigen die Aufmerksamkeit eines Konsumenten, je nach Medium, für folgende Zeitspannen:

- in Publikumszeitschriften: 1,7 s
- in Fachzeitschriften: 3,2 s
- auf Plakaten: 1,5 s
- in Mailings: 2,0 s
- auf Bannern: 1,0 s (Scheier und Held 2007)

Daher ist eine der bedeutsamsten Aufgaben des Marketings, die Einführung beziehungsweise den Erhalt einer Marke oder eines Produktes trotz der zunehmenden Unerreichbarkeit des mündigen Konsumenten ertragreich umzusetzen und zu stärken. Darüber hinaus ist es Ziel gleichermaßen für Management und Marketing, die Lücke zwischen einer gut formulierten Markenstrategie und einer erfolgreichen Etablierung am Markt zu schließen. Nach Erhebungen der Deutschen Gesellschaft für Konsumforschung investieren deutsche Unternehmen jedes Jahr ca. zehn Milliarden Euro in Produkte, die spätestens nach zwölf Monaten aufgrund mangelnden Erfolgs wieder vom Markt genommen werden. Dieser Konsum-Darwinismus greift ebenso in der digitalen Welt um sich. Stand Dezember 2015 zählte Apples App-Store 1,5 Mio. unterschiedliche Apps. Bei dieser beeindruckenden Zahl wird schnell klar, dass trotz einer wachsenden Nutzerbasis die Zahl der Apps, die ein einzelner Nutzer tatsächlich nutzt, begrenzt sein muss. Gerade in Anbetracht der Entwicklung, dass Nutzer mit ihrer im Digitalen verbrachten Zeit ökonomischer umzugehen lernen, geht ein immer breiteres Angebot nicht mit einer immer höheren Nutzung einher. Vielmehr vermehren die Top-Apps (die am besten bewerteten und am höchsten gelisteten Apps) ihren Kundenstamm, während ein Großteil der Anwendungen sein Dasein als „Zombie-App" (Apps, die in keiner Top-Liste an mindestens einem Drittel der verfügbaren Tage erscheinen und nur über die Suche des App-Namens auffindbar sind) im Niemandsland der App-Stores fristet. Und der Anteil der Zombie-Apps steigt: von 74 % im Januar 2014 auf über 83 % im Dezember desselben Jahres (Adjust 2014).

Für den längerfristigen Erfolg digitaler Produkte wie z. B. Apps müssen gewisse Qualitätskriterien erfüllt sein, um gute Ratings, Downloadzahlen und somit App-Store-Platzierungen zu erreichen. Zu diesen Qualitätskriterien zählt ein klarer Produktnutzen ebenso wie eine überzeugende User Experience. Dies gilt gleichermaßen für Websites, webbasierte Software und andere digitale Interfaces.

Dank der schnellen und intensiven Verbreitung der digitalen Medien stehen Vermarktern heute mehr mögliche Kontaktpunkte zwischen Marken und Verbrauchern zur Verfügung denn je. Dies ist Chance und Herausforderung zugleich. Begegnungen und Erlebnisse finden auf zahlreichen Ebenen statt, so zum Beispiel auf Social-Media-Kanälen wie Facebook, Twitter und Snapchat, wo Unternehmen in einen offenen Dialog mit ihren (potenziellen) Kunden treten. Dieser Dialog bedarf sehr genauer Planung und Durchführung, denn nicht selten gingen Social-Media-Kampagnen großer Unternehmen in jüngster Vergangenheit nach hinten los.

Für einige der größten Marketing-Flops in den Social Media sind unter anderem die Marken IHOP, Under Armour, Bud Light, Heinz und Bloomingdale's verantwortlich. Während Heinz seine Kunden mit einem veralteten QR-Code auf eine nicht jugendfreie Webseite leitete, zog Under Armour mit einem provokativen Basketball-T-Shirt-Design ungewollt makabere Parallelen zu einem Kampfgeschehen im Zweiten Weltkrieg (Peterson 2015). Social Media erlaubt es den Nutzern, bei solchen Fehltritten augenblicklich zu reagieren, sodass die betroffenen Marken sofort dafür zur Verantwortung gezogen werden. Den durch Social Media wohl größten Schaden musste jedoch Bloomingdale's im Jahr 2015 einstecken, da der Retail-Gigant mit einem salopp formulierten Slogan auf dem Katalog-Cover wortwörtlich dazu anregte, seinen Freunden in einem unachtsamen Moment etwas in den Drink zu mischen – ein unverzeihlicher Fauxpas in Zeiten, in denen der Missbrauch von K.O.-Tropfen ins mediale Rampenlicht gerückt ist. Bei solch inakzeptablen Marketingfehlschlägen kann selbst eine getwitterte Entschuldigung das ramponierte Image der Marke nicht mehr korrigieren (Shandrow 2015).

Es existieren auch einige Beispiele, die demonstrieren, wie ein erfolgreicher digitaler Dialog zwischen Unternehmen und Konsumenten funktionieren kann. Der Schlüssel dazu sind oft Authentizität und Ehrlichkeit. Zumindest waren dies bei einigen der erfolgreichsten Social-Media-Kampagnen 2015 die ausschlaggebenden Auslöser für die meisten Klicks, Re-Posts und einen steigenden Umsatz. Honest Tea beispielsweise setzt mit seinem sozialen Experiment auf die Neugier und die Ehrlichkeit der Menschen. Mit einem einfachen Trick in 27 Pop-up Stores, die in vielen Großstädten der Vereinigten Staaten von Amerika platziert waren, erstellte Honest Tea eine Landkarte mit einem Verzeichnis über die ehrlichsten Städte der Nation (Honest Tea 2016). Auch der WWF (World Wildlife Fund) konnte mit seiner „The Last Selfie"-Kampagne die breite Social-Media-Masse erreichen. Zusammen mit Snapchat schaffte es die Marke, das brisante Thema der aussterbenden Tierarten möglichst anschaulich zu kommunizieren. Auch hier ließ sich innerhalb kürzester Zeit (ca. einem Monat) die Spendenbereitschaft der Zielgruppe um ein Vielfaches erhöhen (Olenski 2015).

Die Erwartungshaltung des modernen Verbrauchers wird somit deutlich: Er verlangt das Verständnis und die klare Ansprache seiner Bedürfnisse an jedem potenziellen Kontaktpunkt und einen authentischen, persönlichen Dialog zu jeder Zeit.

Dies ist eine der großen Herausforderungen für die Kommunikations- und Marketingabteilungen von Unternehmen. Denn selbst die reine Qualität in Bezug auf Funktion, ja selbst auf Gestaltung, stellt immer seltener ein echtes Differenzierungskriterium dar. Unternehmen wie Apple mit seinem mobilen Betriebssystem iOS und jüngst auch Google mit seinem „Material Design"-Ansatz haben dafür gesorgt, dass im Bereich der Interfaces, seien es Websites, mobile Anwendungen oder webbasierte Software, eine hohe Qualität in Funktion und Gestaltung zum Hygienefaktor geworden ist. Das breite Angebot an Produkten und Marken entwickelt sich zu einer einheitlichen Masse für den Konsumenten; er kann kaum noch relevante Unterschiede erkennen.

Welche Möglichkeiten hat nun ein Produktgestalter (analog wie digital) und Vermarkter, in dieser vielfältigen und bereits sehr kreativen Marketingwelt neue Ideen zu entwickeln; wirklich neue Wege zu gehen, bei denen sein Produkt- und Vermarktungsauftritt sich von denen der Wettbewerber absetzt? Die „klassischen" Vermarktungspotenziale sind im Wesentlichen bereits in irgendeiner Form realisiert und besetzt. Es bestehen nur noch wenige Nischen, die den Konsumenten fangen und fesseln können. Sofern ein Vermarkter wirklich neue Wege gestalten und kreieren will, bedarf es mehr als nur der Weiterentwicklung bestehender Pfade. Denn eine Evolution bringt wenig wirklich Neues und kann den Konsumenten, wenn überhaupt, nur kurzzeitig fesseln. Um ihren Erfolg weiter zu gewährleisten, müssen Marken zu kreativeren Methoden greifen als bisher – sie brauchen eine Revolution, einen vollständig neuen Ansatz, um sich mit dem Konsumenten in Verbindung zu setzen.

Fazit

Die potenziellen Kontaktpunkte zwischen Unternehmen und Konsumenten sind heute vielfältiger denn je. Zusätzlich steigen die Marketingausgaben der Unternehmen weiter. Der Konsument sieht sich einer Reizüberflutung und einem Information Overload ausgesetzt und beginnt, sich zunehmend zu distanzieren, seine Aufmerksamkeit gegenüber Unternehmen und ihren Markenbotschaften ökonomischer einzuteilen. Aus der traditionellen Einwegkommunikation von Marken und ihren Botschaften wird ein ständiger Dialog über unterschiedliche Medien. Marken wandeln sich von starren Gebilden zu flexibel reagierenden, aber im Kern konstanten und wiedererkennbaren Interaktionsmustern. Ein immer wichtiger werdender Kanal für diese Interaktion sind die digitalen Produkte eines Unternehmens. Diese müssen über eine überzeugende User Experience verfügen, um das Low Involvement zu überwinden, die Konsumenten zu erreichen, nachhaltig für Produkt und Marke zu begeistern und so einen loyalen Kundenstamm aufzubauen.

Literatur

Adjust. 2014. The undead app store – The course for discovery in 2015. https://www. adjust.com/assets/downloads/the-undead-app-store.pdf. Zugegriffen: 21. Sept. 2016.

Bär, Martina, Rainer Krumm, und Hartmut Wiehle. 2007. *Unternehmen verstehen, gestalten, verändern: Das Graves-Value-System in der Praxis*. Heidelberg: Gabler.

Forrester Research Inc. 2016. Lead the customer-obsessed transformation. https:// go.forrester.com/age-of-the-customer/. Zugegriffen: 21. Sept. 2016.

Honesttea. 2016. The refreshingly honest project. https://www.honesttea.com/refreshingly-honest/. Zugegriffen: 21. Sept. 2016.

Olenski, Steve. 2015. The 3 best social media campaigns of 2015 (so far). Forbes Media LLC. http://www.forbes.com/sites/steveolenski/2015/08/21/the-3-best-social-media-campaigns-of-2015-so-far/2/#f4fb507197e8. Zugegriffen: 21. Sept. 2016.

Peterson, Hayley. 2015. Under armour pulls T-shirt comparing basketball to World War II. Business Insider. http://www.businessinsider.com/under-armour-forced-to-pull-t-shirt-2015-5?IR=T. Zugegriffen: 21. Sept. 2016.

Scheier, Christian, und Dirk Held. 2006. *Wie Werbung wirkt*. Planegg: Haufe.

Scheier, Christian, und Dirk Held. 2007. *Was Marken erfolgreich macht*. Planegg: Haufe.

Shandrow, Kim Lachance. 2015. The 5 worst marketing fails of 2015. Entrepreneur Media Inc. https://www.entrepreneur.com/article/253195. Zugegriffen: 21. Sept. 2016.

Shillum, Marc. 2011. Brands as patterns. Redefining Consistency. Method. http://www.method.com/ideas/10x10/brands-as-patterns. Zugegriffen: 21. Sept. 2016.

Customer Experience ist User Experience ist Brand Experience

2

Zusammenfassung

Im gegebenen Kontext sollen Möglichkeiten aufgezeigt werden, wie neue Marketingstrategien ein digitales Produkt von Beginn an als integralen Bestandteil der Unternehmenskommunikation betrachten, indem die User Experience zielgerichtet und im Zusammenspiel mit einer Marke gestaltet wird. Das eingehende Verständnis und das gezielte Management von Customer Experience (CX) und User Experience (UX) werden für das zukünftige Bestehen am Markt unerlässlich sein. Hierzu zählt speziell die holistische Betrachtung von Customer Experience, User Experience und Brand Experience als untrennbar verzahnte Disziplinen. Dabei ist von zentraler Bedeutung, dass jede der drei „Experiences" größtenteils unterbewusst wirkt und somit die Wahrnehmung, die in der Interaktion mit digitalen Produkten ausgelöst wird, gezielt beeinflusst werden kann.

2.1 Customer Experience

Das Konzept der Customer Experience wurde erstmals im Jahr 1998 durch Jow Pine und Jim Gilmore im Rahmen eines Artikels in der „Harvard Business Review" eingeführt (Gilmore 1998). Basierend auf der Erkenntnis, dass der ökonomische Wert von Erlebnissen im Laufe der Zeit jenen von Produkten und reinen Dienstleistungen übertroffen hat, verfolgt das Customer Experience Management (CEM) den Anspruch, ein ganzheitlich positives Kundenerlebnis zu schaffen mit dem Ziel, eine intensive emotionale Bindung zwischen einem Anbieter bzw. einem Produkt und dem Anwender herzustellen. Die Customer Experience (CX) bezieht alle Interaktionen, die eine Person mit einem Unternehmen bzw. einer Marke haben kann, mit ein. CX vereint all jene Disziplinen, die

© Springer Fachmedien Wiesbaden GmbH 2017
F. van de Sand, *User Experience Identity*,
DOI 10.1007/978-3-658-15959-7_2

bis dato oft getrennt betrachtet und bewertet wurden: Marke, Werbung, Service, Vertrieb und Produkte. Ein an allen Kontaktpunkten gleiches, schlüssiges und glaubhaftes Markenerlebnis ist das zentrale Anliegen des CEM. Reflektieren wir unser eigenes Verhalten, ist diese Betrachtung letztendlich nur konsequent. Kein Konsument betrachtet eine Marke als Ansammlung unterschiedlicher, strategisch geplanter Aktionen aus Marketing, Vertrieb oder Werbung. Er erlebt eine Marke ganzheitlich, meist unbewusst, und differenziert nicht, an welchem Kontaktpunkt er auf welche Weise angesprochen wird. Und dennoch fällt er die Entscheidung, ob er eine Marke mag oder nicht, auf Basis seiner Erlebnisse an den Kontaktpunkten mit einem Unternehmen.

2.2 User Experience

Die User Experience (UX) betrachtet den Umgang eines Nutzers mit einem (digitalen) Produkt sowie die Gefühle und Assoziationen, das Erlebnis, das aus dieser Interaktion resultiert. Der Begriff stellt eine Sammelbezeichnung für verschiedene Kategorien der digitalen Produktgestaltung dar. Ein gängiges Modell der Beschreibung von UX ist das „Umbrella"-Modell von Dan Willis (Willis 2016). Dieses unterteilt UX in Visual Design (Wahl der Farben, Formen etc.), Informationsarchitektur (Unterteilung der Inhalte, Navigationswege, Suchmöglichkeiten), Interaction Design (Interaktion zwischen User und Produkt), Usability (effektives, effizientes und zufriedenstellendes Erreichen von Zielen), User Research und Content-Strategie (professioneller, strukturierter Umgang mit digitalen Inhalten) (s. Abb. 2.1).

UX wird in Metriken wie u. a. Success Rate, Error Rate, Abandonment Rate, Time To Complete Task und Clicks To Completion (Erfolgsquote, Fehlerquote, Abbruchquote, Durchführungszeit pro Aufgabe/Tätigkeit, Klicks zum Abschluss) gemessen, um so die Qualität bzw. Performance eines Produktes beurteilen zu können. Von zunehmender Bedeutung wird auch das Bild, das sich im Kopf des Nutzers von dem Produkt bildet, während er es benutzt: Welche Assoziationen und Emotionen werden während der Nutzung ausgelöst? UX bezeichnet somit das Erleben eines digitalen Produktes auf funktionaler und emotionaler Ebene. Der Begriff User Experience Design wird in Kap. 8 zum Thema „User Experience Design" noch einmal eingehend erläutert.

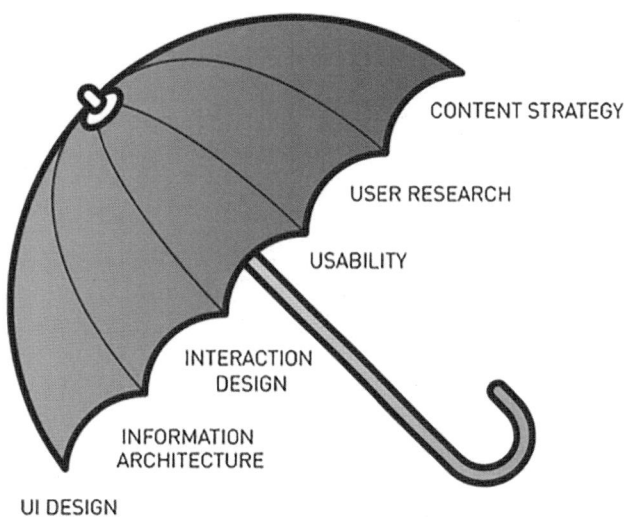

Abb. 2.1 Angelehnt an das Umbrella-Modell von Dan Willis. (Quelle: http://www.dswillis.com/talks/2014/4/the-ux-umbrella, 2016, zuletzt zugegriffen am 21.09.2016)

2.3 Customer Experience und User Experience als Erfolgsfaktor

Customer Experience Management und ein unternehmensstrategischer Fokus auf das Thema Design kristallisieren sich immer mehr als Erfolgsfaktoren heraus. Eine Studie von Watermark Consulting, ein Beratungsunternehmen für Customer Experience mit Sitz in den USA, aus dem Jahr 2015 belegt den Erfolg von Unternehmen, die Customer Experience in den Mittelpunkt ihrer strategischen Überlegungen rücken, mit Zahlen (Watermark Consulting 2015 Customer Experience ROI Study): Sie vergleicht die Wertentwicklung der Aktien von sogenannten „Customer-Experience-Management-Führern" mit jenen der „CEM-Verweigerer".

Die CEM-Führer und -Verweigerer setzen sich zusammen aus den jeweils ersten und letzten zehn börsennotierten Unternehmen aus dem „Customer Experience Index" von Forrester Research. Zu den Führern gehören beispielsweise Unternehmen wie Amazon und AT&T, zu den Verweigerern United Airlines und Wal-Mart. Die Watermark-Studie zeichnet ein klares Bild: Die CEM-Führer konnten mit einem Kurs-Plus von 108 % in den letzten acht Jahren nicht nur die CEM-Verweigerer mit einem Zuwachs von nur 28 % klar schlagen, sondern sogar

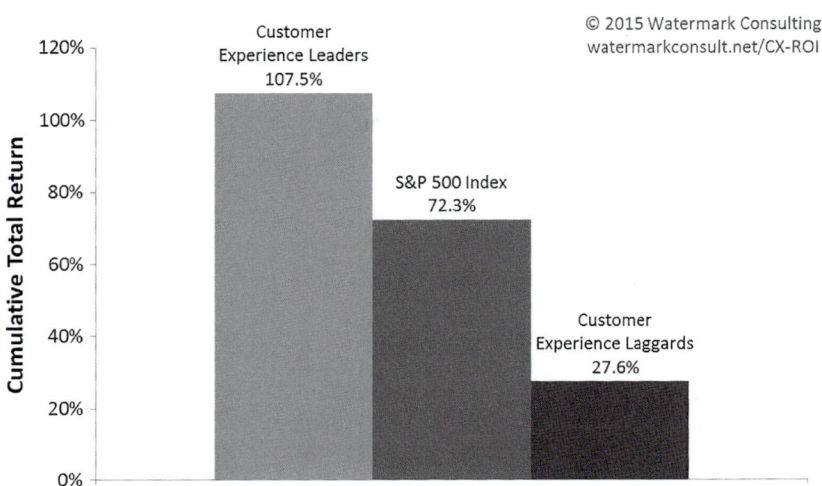

Abb. 2.2 Customer-Experience-Führer schlagen S&P-Index und Customer-Experience-Verweigerer. (Quelle: http://watermarkconsult.net/CX-ROI, zuletzt zugegriffen am 21.09.2016)

den S&P-500-Index, der in diesem Zeitraum nur um 72 % wuchs (s. Abb. 2.2). Die weitaus positivere Kursentwicklung der CEM-Führer ist auf zwei zentrale Faktoren zurückzuführen: zum einen auf eine höhere Loyalität und geringere Preissensibilität ihrer Kunden (größerer Anteil an Gesamtausgaben) sowie auf eine häufigere positive Weiterempfehlung. Zum anderen haben die CEM-Führer einen geringeren Werbekostenaufwand und müssen dank einer niedrigeren Beschwerderate weniger Mittel für Servicekosten aufwenden. Die CEM-Verweigerer wiederum leiden unter unzufriedenen Kunden und den Folgen ihrer Frustration: schlechte Mundpropaganda und hohe operative Ausgaben. Ergo: Unternehmen wachsen ohne eine klare Customer-Experience-Strategie langsamer und weniger nachhaltig.

Erwähnenswert ist, dass diese Analyse Kursentwicklungen aus fast einem Jahrzehnt umfasst und somit einen kompletten Wirtschaftszyklus abbildet: vom Prä-Rezessions-Hoch in 2007 bis zum Aufschwung nach der Rezession, der bis heute anhält. Eine gute Customer Experience lohnt sich also auch langfristig, für Konsumenten gleichermaßen wie für Investoren. Die Watermark-Studie beschreibt die fünf wichtigsten Kriterien für ein erfolgreiches Customer Experience Design wie folgt:

1. **Fokus auf mehr als Kundenzufriedenheit:**
   Wenig zufriedene Kunden tragen weder durch Weiterempfehlung noch durch wiederholte Käufe oder eine niedrigere Preis-Sensitivität zum Unternehmenserfolg bei. Aber selbst zufriedene Kunden können jederzeit zur Konkurrenz wechseln. Um den Return on Invest auf Investitionen im CEM zu maximieren, müssen Unternehmen Interaktionen erschaffen, die nicht nur Zufriedenheit, sondern Loyalität erzeugen.

2. **Zufriedenheit sicherstellen und mit kleinen Überraschungen glänzen:**
   Um Exzellenz in der Customer Experience zu erreichen, beherrschen diese Unternehmen das Einmaleins der Kundenzufriedenheit, sie minimieren Frustration und Verärgerung beim Kunden. Darauf aufbauend liefern sie „Nice to have"-Elemente und andere positive Überraschungen, die zu einem besonderen Interaktionserlebnis zwischen Unternehmen und Kunden führen.

3. **Besondere Erlebnisse gezielt und emotional gestalten:**
   Customer-Experience-Führer überlassen nichts dem Zufall. Sie haben ein tief greifendes Verständnis der zahlreichen Touchpoints ihres Unternehmens und wissen diese gezielt zu bespielen. Sie choreografieren Interaktionen derartig, dass sie nicht nur die rationalen Erwartungen der Kunden erfüllen, sondern sie in positiver Weise emotional berühren.

4. **Nutzererlebnisse mithilfe von Kognitionswissenschaften erschaffen:**
   Customer-Experience-Führer managen die Realität *und* die Wahrnehmung ihrer Customer Experience gleichermaßen. Sie verstehen, wie Nutzererlebnisse im Gehirn interpretiert werden und sich Erinnerungen manifestieren. Sie nutzen Erkenntnisse der Kognitionswissenschaften gezielt, um positive und nachhaltig Loyalität erzeugende Eindrücke zu schaffen.

5. **Den Zusammenhang zwischen Customer Experience und „Employee Experience" verstehen:**
   Glückliche und zufriedene Mitarbeiter erzeugen zufriedene und loyale Kunden und umgekehrt. Der Wert dieses Kreislaufes kann nicht überschätzt werden, weswegen erfolgreiche Unternehmen auf beide Seiten der Gleichung gleich viel Wert legen.

Der mittels CEM erzielbare Wettbewerbsvorteil ist verlockend: Zeigt die Realität doch, dass Produktinnovationen in kürzester Zeit nachgeahmt und Technologievorteile kopiert werden sowie Kostenführerschaft schwer zu erreichen, geschweige denn zu halten ist. Ein außergewöhnliches Kundenerlebnis und das

dazugehörige Ökosystem hingegen können einen hohen strategischen und wirtschaftlichen Nutzen für Unternehmen generieren, der von Konkurrenten nur
schwer nachgeahmt werden kann.

Eine Studie des Design Management Institute in Kooperation mit Motiv Stra-
tegies (Rae 2015) beleuchtet ergänzend den Faktor Design als Facette der Customer Experience. Der „DMI Design Value Index" setzt sich zusammen aus 15
US-amerikanischen Unternehmen (z. B. Apple, Coca-Cola, Nike, IBM), die
Design als einen grundlegenden Treiber ihres Unternehmenserfolgs betrachten.
Ähnlich wie in der Watermark-Studie wird hier aufgezeigt, dass designgetriebene Unternehmen innerhalb eines Zeitraums von zehn Jahren eine um 219 %
bessere Kurs-Performance vorweisen können als der S&P-500-Index (Abb. 2.3).
Unternehmen, die Design unternehmensstrategisch einsetzen, wachsen somit
nicht nur schneller, sie erzielen auch höhere Margen. Hohe Wachstumsraten und
Margen erzeugen hohe Attraktivität am Aktienmarkt, was letztendlich die bessere Performanz zur Folge hat. Dank der Pionierleistung der Unternehmen aus
diesem Index, aber auch weiterer internationaler, designgetriebener Unternehmen wie beispielsweise BMW und Samsung sind Konsumenten heute bereit, für
gutes Design, dazu zählt auch hochqualitatives User Experience Design, mehr
zu bezahlen. Dies beschränkt sich nicht mehr nur auf die traditionellen Konsum-
güter, sondern reicht heute schon in Bereiche des öffentlichen Dienstes oder des
B2B-Marketings, die bisher nicht gerade für einen hohen Anspruch an Ästhetik
und Customer Experience bekannt waren.

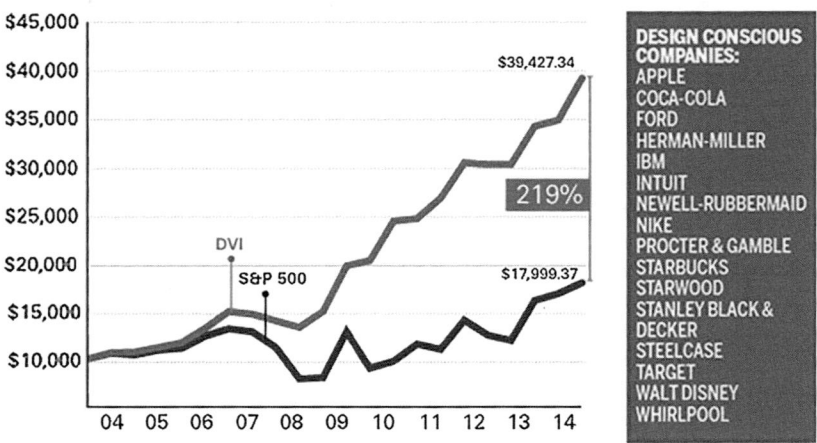

Abb. 2.3 Designgetriebene Unternehmen schlagen S&P500. (Quelle: http://www.dmi.org/
?page=DesignDrivesValue, zuletzt zugegriffen am 21.09.2016)

Von IBM bis Uber fangen Entscheider an zu verstehen, dass der strategische Nutzen von Customer Experience und Design, im gegebenen Kontext das User Experience Design, einen großen Einfluss auf den wirtschaftlichen Erfolg eines Unternehmens hat. Die Ausbreitung von Software, Apps, Games, Web Design und anderen Arten digitaler Interfaces als Begleitprodukte von Services und Lösungen macht UX Design zu einer der am stärksten wachsenden und dominierenden Design-Disziplinen. Immer mehr Unternehmen starten Programme zum Thema Design Thinking und UX Design oder bauen eigene Inhouse-UX-Design-Teams auf – selbst in Bereichen wie den Finanzdienstleistungen, in denen sorgsam geplante Omnichannel-Erlebnisse bislang nicht ganz oben auf der Agenda standen.

Dank der Vorreiterschaft von Apple, BMW, Nike und Co. ist gute UX inzwischen zum Hygienefaktor geworden. Stellte Apples buntes, freundliches und intuitiv zu bedienendes mobiles Betriebssystem iOS anfangs noch einen Begeisterungs- und Differenzierungsfaktor dar, so sorgt inzwischen nicht nur Google mit seinem sogenannten Material-Design-Ansatz dafür, dass Nutzer jenen digitalen Produkten, die nicht zumindest eine grundlegende gestalterische Qualität sowie eine durchdachte Nutzerführung vorweisen können, den Rücken kehren und sich den modernen, bis in die letzte Animation durchgestalteten Apps und Websites zuwenden. Ganze Industrien werden von disruptiven Start-ups wie Uber im Bereich Fahrdienstleistungen, Airbnb bei der Buchung und Vermietung von Unterkünften oder PayPal im Bereich der Finanztransaktionen auf den Kopf gestellt. All diese Unternehmen kennzeichnet ein klarer Fokus auf eine hochqualitative UX. Jene Unternehmen, deren digitale Produkte eine unterdurchschnittliche UX aufweisen, sehen sich im Wettbewerb mit der Konkurrenz benachteiligt.

2.4 User Experience ist Customer Experience

Noch immer ist es keine Ausnahme, dass Unternehmen ihre Kunden komplizierten Verkaufsprozessen, unübersichtlichen Websites und Apps, langen Wartezeiten bei Hotlines, inkompetentem Service, unverständlicher Kommunikation und in ihrer Anwendung zu komplizierten Produkten aussetzen. Das CEM zielt darauf ab, aus zufriedenen Kunden loyale Kunden zu machen und aus loyalen Kunden wiederum begeisterte Botschafter der Marke oder des Produkts. Es ist offensichtlich, dass in diesem Zusammenhang nicht nur harte Fakten wie Umsatz, Nutzungsintensität oder der Wert des Warenkorbs zählen. Vielmehr werden indirekte Effekte wie Mundpropaganda und Weiterempfehlungen zu wichtigen Indikatoren für den Erfolg eines Unternehmens.

Betrachtet man digitale Produkte, so sollte die User Experience als ein integraler Bestandteil der Customer Experience betrachtet werden. Wie bereits beschrieben, gehören digitale Produkte zu den zentralen Touchpoints, an denen der Nutzer bzw. Kunde eine Marke erlebt. Eine gute User Experience ist Voraussetzung für eine gute Customer Experience.

Eine gute digitale User Experience muss dem Nutzer ermöglichen, die von ihm gewünschte Information auf einer Website oder in einer App möglichst schnell und einfach zu finden. Das Erledigen der Aufgabe, die sich der Nutzer gestellt hat, sollte intuitiv vonstattengehen. Seine Erwartungen an das Produkt sollten erfüllt, möglicherweise sogar übertroffen werden. Auch die bei der Nutzung ausgelösten Assoziationen und Emotionen spielen eine wichtige Rolle.

Eine gute Customer Experience hingegen gibt dem Nutzer das Gefühl einer angenehmen, professionellen und hilfreichen Interaktion zwischen ihm und einem Unternehmen und führt letztendlich zu einem positiven Gesamteindruck des Unternehmens.

Idealerweise sind CX und UX exakt aufeinander abgestimmt und besitzen eine gleich hohe Qualität. Denn eine noch so reibungslose User Experience einer Website ist innerhalb kurzer Zeit zerstört, wenn die dazugehörige Hilfe-Hotline inkompetent ist oder der E-Mail-Newsletter für den Nutzer keine Relevanz hat. Im Umkehrschluss kann ein Unternehmen über eine herausragende Werbestrategie und Markenwahrnehmung, ein kompetentes Vertriebsteam und eine durchdachte Organisationsstruktur (C- Faktoren) verfügen – aber solange die Interaktion eines Nutzers mit der Website, der mobilen App oder der Software des Unternehmens (UX-Faktoren) nicht reibungslos funktioniert, scheitert auch die globale Customer Experience.

UX ist demnach ein wichtiger Bestandteil der CX (Abb. 2.4). Beide spielen eine entscheidende Rolle für das Image einer Marke, für die Loyalität eines Kunden und somit für den Erfolg eines Unternehmens. Fehler in jedem der genannten Bereiche führen zu einer schlechten globalen Erfahrung mit dem Unternehmen bzw. der Marke.

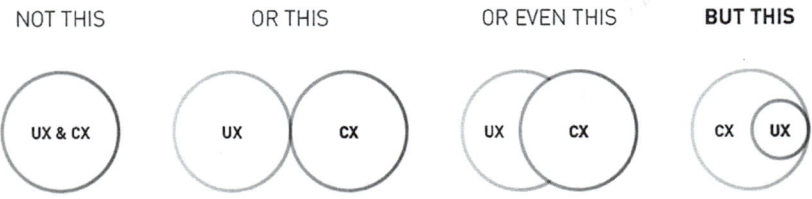

Abb. 2.4 User Experience als integraler Bestandteil der Customer Experience. (Eigene Darstellung)

2.5   User Experience ist Brand Experience

Paul Watzlawick beschrieb das Phänomen der Unmöglichkeit des Nicht-Kommunizierens: „Man kann nicht nicht kommunizieren, denn jede Kommunikation (nicht nur mit Worten) ist Verhalten und genauso wie man sich nicht nicht verhalten kann, kann man nicht nicht kommunizieren" (Watzlawick 2016). Dies gilt für Menschen wie für Produkte. Die Art und Weise, wie ein Produkt gestaltet ist, wie es sich „verhält" (z. B. in Animationen und Transitions [der Übergang zwischen zwei Zuständen einer Seite oder eines Elements eines Interfaces]), löst mit jeder Interaktion bestimmte Emotionen und Assoziationen aus. Es erzählt eine Geschichte. Umso wichtiger ist es, digitale Produkte so zu gestalten, dass sie Emotionen und Assoziationen gezielt auslösen und die richtige Geschichte erzählen: Sie müssen zum Absender passen, der in der Regel ein Unternehmen mit einer mehr oder minder klaren Identität ist. In der Interaktion mit den digitalen Produkten eines Unternehmens muss die gleiche Geschichte „ausgelöst" werden wie jene, die es auf all seinen Kanälen kommuniziert. User Experience und Brand Experience müssen deckungsgleich sein. Um dies zu gewährleisten, können Erkenntnisse aus den Neurowissenschaften herangezogen werden. Denn die Wahrnehmung digitaler Produkte und das damit verbundene Auslösen von Emotionen und Assoziationen geschehen größtenteils unterbewusst.

2.6   User Experience wirkt unterbewusst

Trotz Informationsflut, Zeitmangel und Low Involvement ist Markenkommunikation mit klassischen Methoden (zum Beispiel Print-Anzeigen), richtig kombiniert mit aktuellen Ansätzen (zum Beispiel Social-Media-Marketing oder das zielgerichtete Design digitaler Produkte) ein effektiver und nachhaltiger Kommunikationsweg, um den Konsumenten zu erreichen. Dies gilt vor allem auf Grundlage der Erkenntnis, dass Markenkommunikation nicht nur auf der Ebene des Bewusstseins, sondern weit mehr im Unterbewusstsein des Menschen wirkt. Hirnforscher sprechen von der Benutzer-Illusion: Obwohl es uns so vorkommt, als hätten wir die bewusste Kontrolle über all unsere Handlungen, beeinflusst das Bewusstsein die wenigsten unserer Entscheidungsabläufe.

Warum tun Menschen, was sie tun? Warum handeln sie auf eine bestimmte Art und Weise? Ein Weg zur Klärung dieser Fragen ist die Einsicht, dass unser Handeln und somit auch der Umgang mit digitalen und analogen Produkten im Regelfall unterbewusst gesteuert werden. Für den deutschen Werbebotschafter Ulrich

Lachmann ist diese subtile Nebenwirkung von Werbung ein besonders wichtiger Wirkungsmechanismus (Scheier und Held 2006). Lachmann stellt das Unterbewusstsein im Rahmen des Vermarktungsprozesses als wichtigen, wenn nicht gar entscheidenden Aspekt in den Vordergrund. Gleiches gilt für die Benutzung digitaler Produkte: Sie findet in der Regel intuitiv statt, unser Verhalten während der Nutzung basiert auf impliziten Vorgängen. Es gilt daher zu untersuchen, nach welchen Mechanismen im Menschen diese Beeinflussung des Unterbewusstseins erfolgt und welche Potenziale diese nun Neuromarketing genannte Disziplin eröffnet. Die Vertiefung dieses Themas folgt in Kap. 6.

Das Ziel muss sein, mental auf das Denken und Entscheiden des Konsumenten Einfluss zu nehmen und in der Folge die Sackgasse des Low Involvements aufzubrechen. Eine weitere Zielsetzung ist es, den Konsumenten an seinen neuronalen Kontaktpunkten zu stimulieren und diese dann mit emotionalen Werten zu belegen. Basis und Voraussetzung zur Untersuchung des Neuromarketings ist das Verständnis der komplexen Strukturen des Gehirns und insbesondere dessen Erkenntnis-, Verständnis-, Lern- und Fühlprozess. Was genau geschieht im Gehirn und welche Bereiche sind speziell für das User Experience Design von zielführender Bedeutung? Zum besseren Verständnis der impliziten (unterbewussten) Wirkung von User Experience werden in den Kap. 3 und 4 die Grundlagen der Reizverarbeitung im Gehirn sowie der kognitiven Psychologie beschrieben.

Fazit

Offline und Online wachsen zunehmend zusammen, und es wird von größter Wichtigkeit sein, diese beiden Welten ganzheitlich zu betrachten, sie grundlegend zu verschmelzen. Im Zentrum stehen die Bedürfnisse und Erlebnisse des Verbrauchers, die er an jedem beliebigen Kontaktpunkt mit einem Unternehmen bzw. einer Marke hat. Die Termini „Customer Experience" und „User Experience" beschreiben diese Sichtweise und stehen bei erfolgreichen Unternehmen im Mittelpunkt ihrer strategischen Ausrichtung. Sie stellen das Erlebnis eines Nutzers mit einem Unternehmen bzw. dessen Produkten ins Zentrum der Betrachtung und können, richtig eingesetzt, maßgeblich zu einer Wertschöpfung beitragen. Die ganzheitliche Betrachtung von Nutzererlebnissen und Marketing, das Betrachten von digitalen Produkten wie Apps und Websites nicht bloß als Informationsträger, sondern als konkretes Marketingwerkzeug, ja als Markenbotschafter, die gezielt unterbewusste Assoziationen und Emotionen auslösen, ist grundlegende Voraussetzung, um im Kampf um die Aufmerksamkeit des Konsumenten erfolgreich zu bestehen.

Literatur

Pine, Gilmore. 1998. Welcome tot he experience economy. Harvard Business Review. https://hbr.org/1998/07/welcome-to-the-experience-economy. Zugegriffen: 21. Sept. 2016.

Rae, Jeneanne. 2015. Design value index results and commentary. dmi: design management institute. http://www.dmi.org/?page=DesignDrivesValue. Zugegriffen: 21. Sept. 2016.

Scheier, Christian, and Dirk Held. 2006. *Wie Werbung wirkt*. Planegg: Haufe.

Studie von: Watermark Consulting, a U.S.-based customer experience advisory firm. http://watermarkconsult.net/CX-ROI. Zugegriffen: 21. Sept. 2016.

Watzlawick, Paul. 2016. Die Axiome von Paul Watzlawick. http://www.paulwatzlawick.de/axiome.html. Zugegriffen: 21. Sept. 2016.

Willis, Dan. 2016. The UX umbrella. http://www.dswillis.com/talks/2014/4/the-ux-umbrella. Zugegriffen: 21. Sept. 2016.

Wie „Experience" im Gehirn funktioniert

3

Zusammenfassung

Für das gezielte Auslösen von Markenbotschaften durch User Experience Design ist ein eingehendes Verständnis der Informationsverarbeitung im menschlichen Gehirn notwendig. Neueste Erkenntnisse aus dem Gebiet der Hirnforschung geben Aufschluss über den Aufbau des Gehirns und darüber, wie Lernprozesse im Gehirn ablaufen. Des Weiteren widerlegt die Hirnforschung einige der bestehenden Modelle des Marketings, so zum Beispiel das Modell des Homo oeconomicus, indem sie aufzeigt, dass Entscheidungen niemals ohne den Einfluss von Emotionen gefällt werden.

Der medizinisch-technische Fortschritt in der Hirnforschung, der letztlich auch den Entwicklungen der IT-Wissenschaften zu verdanken ist, hat zu neuen signifikanten Erkenntnissen in dieser Forschungsdisziplin geführt. Bestehende Theorien zur Funktionsweise des menschlichen Gehirns wurden weiterentwickelt, insbesondere sind neue Denkansätze und Kenntnisse zu Wirkungszusammenhängen hinzugekommen. Mithilfe neuer Messverfahren können Prozesse im Gehirn nahezu in Echtzeit dargestellt werden. Noch vor wenigen Jahren wurde angenommen, dass der Aufbau des menschlichen Gehirns vergleichbar mit einer Zwiebel sei: Ein Gehirnbereich liege auf dem nächsten, die Bereiche seien mehr oder weniger voneinander getrennt. In diesem überholten Denkansatz ist der Neokortex der Bereich, der alle Entscheidungen rational und bewusst entscheidet (Häusel 2009). Eine Schicht darunter liege das limbische System, welches als Hauptemotionszentrum im menschlichen Gehirn fungiere. Ein ebenfalls veralteter Ansatz ist das von Herbert E. Krugmann entwickelte Hemisphären-Modell, welches besagt, dass die rechte Hälfte des Gehirns der emotionale Teil sei und die linke Gehirnhälfte der rational denkende (Schreier und Held 2006).

© Springer Fachmedien Wiesbaden GmbH 2017
F. van de Sand, *User Experience Identity*,
DOI 10.1007/978-3-658-15959-7_3

Die heutigen Erkenntnisse zum Gehirn zeigen, dass die frühere Zuordnung der Bereiche im Grundsatz nicht mehr korrekt ist. Die zentrale Unterscheidung zu früheren Ansätzen liegt darin, dass alles miteinander verbunden ist: Beim menschlichen Gehirn handelt es sich um eine einheitliche und durchgängig funktionierende Masse, welche aus ümehr als 200 Millionen Nervenfasern besteht (Scheier und Held 2006).

3.1 Die Anatomie des menschlichen Gehirns

Die Anatomie des menschlichen Gehirns lässt sich in vier große Bereiche einteilen (s. Abb. 3.1). Jeder dieser Bereiche ist unter anderem mit der Verarbeitung eines Sinnesorgans befasst. Im vorderen Bereich des Gehirns befindet sich der Frontallappen,

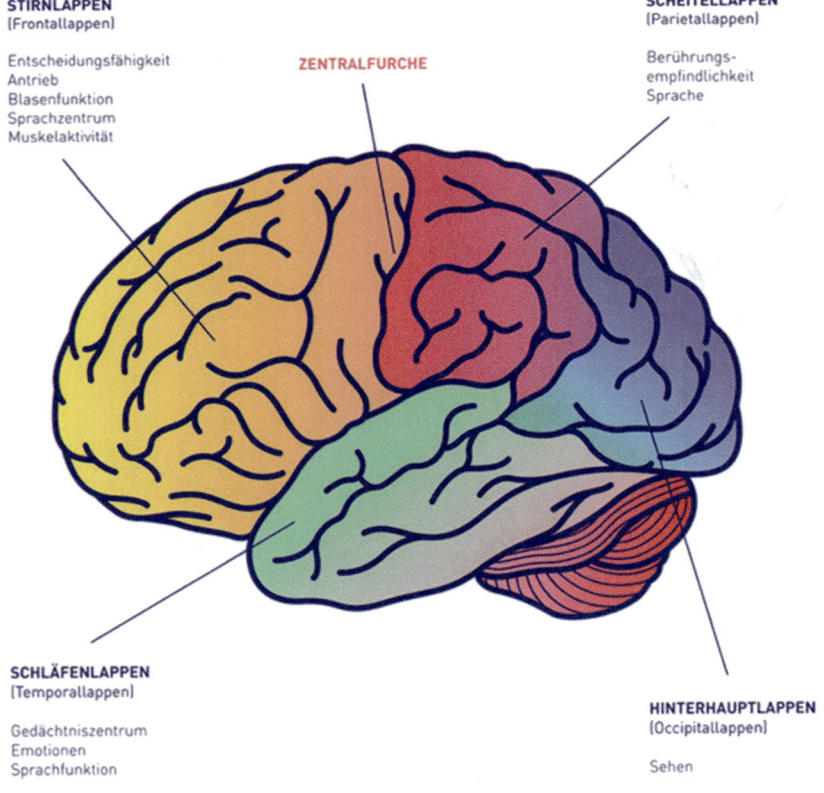

Abb. 3.1 Regionen des Gehirns. (Eigene Darstellung)

auch Stirnlappen genannt. Dieser Bereich ist verantwortlich für die motorischen Abläufe sowie für die höheren kognitiven Prozesse, wie zum Beispiel die Entscheidungsfindung und die Muster- und Spracherkennung. Das zweite Areal, das direkt hinter dem Frontallappen liegt, ist der Scheitellappen oder auch Parietallappen. Diesem Bereich wird die Verarbeitung der räumlichen Umgebung zugeschrieben sowie auch die Berührungsempfindlichkeit und ebenso die teilweise Aufbereitung der Sprache. Im Hinterhauptlappen oder auch Okzipitallappen wird hauptsächlich das Sehen verarbeitet. Im vierten großen Areal des Gehirns befinden sich die Verarbeitung des Hörens, die Sprachfunktion, das Gedächtniszentrum sowie der Sitz der Emotionen. Dieser Bereich wird als Schläfenlappen oder auch Temporallappen bezeichnet.

3.2   Das limbische System

Im Inneren des Schläfenlappens befindet sich das limbische System, das unter anderem den Hippocampus, die Amygdala und die Basalganglien umfasst (s. Abb. 3.2). Das limbische System ist verantwortlich für die Steuerung der

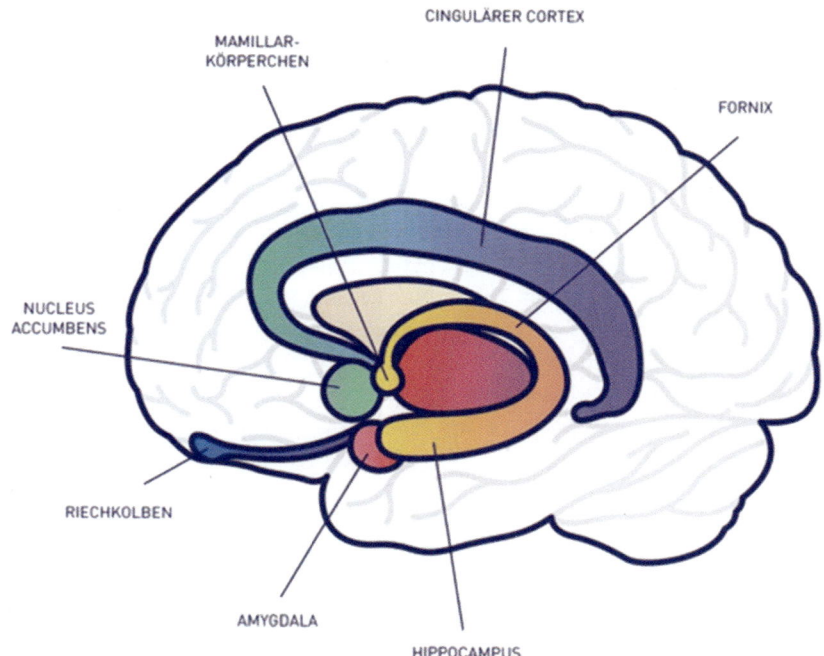

Abb. 3.2 Das limbische System. (Eigene Darstellung)

Emotionen, für das Lernen der Umwelt und für die Abspeicherung von Erinnerungen (Anderson 2007).

Der Hippocampus ist mit der Generierung, der Speicherung und dem Zugriff auf die Inhalte des Langzeitgedächtnisses gekoppelt. Neueste Forschungsergebnisse zeigen, dass der Hippocampus auch die Geburtsstelle von neuen Neuronen (Nervenzellen) ist. Der Fachbegriff für diesen Prozess lautet Neuroneogenes (dasGehirn 2016).

Die Amygdala ist als Teil des limbischen Systems maßgeblich verantwortlich für Emotionen und Erinnerungen. Aber vor allem ist die Amygdala, übersetzt Mandelkern oder im Fachjargon auch Corpus amygdaloideum, zuständig für die Entstehung und die Wiedererkennung von körperlichen Reaktionen und Emotionen, insbesondere von Wut und Angst. Die Amygdala kann als ein emotionaler Verstärker gesehen werden. Ohne sie wäre man emotionsloser und hätte ebenfalls Schwierigkeiten mit emotionalen Assoziationen. Das emotionale Sozialverhalten wird über diese Struktur weitestgehend reguliert (dasGehirn 2016).

Die Basalganglien sind die Hauptregulatoren der Willkürmotorik, der (Fort-) Bewegung und der Muskeln des Gesichtes und zudem zuständig für das Schlucken, Kauen und Riechen. Bereiche der Basalganglien sind auch als motorisches Gedächtnis bekannt. Ebenso in ihren Verantwortungsbereich fallen affektive und kognitive Prozesse sowie die Mustererkennung (dasGehirn 2016).

3.3   Die Hauptkomponenten einer Nervenzelle

Die „Kommunikation" innerhalb des Gehirns findet über den Austausch von Botenstoffen, sogenannten Neurotransmittern, zwischen Nervenzellen statt. Abb. 3.3 zeigt den allgemein gültigen Prototypen einer Nervenzelle. Jedes Neuron (Nervenzelle) besteht aus einem Soma (Zellkörper), von dem die Dendriten (kleine Ärmchen des Zellkörpers) abgehen. Das Axon, ein schlauchartiger Fortsatz, der sich bis zu den Dendriten der nächsten Nervenzelle erstreckt, geht ebenfalls vom Soma ab. Das Axon und die Dendriten der anderen Nervenzelle berühren sich jedoch nicht, es besteht eine kleine Lücke zwischen ihnen. Diese Lücke wird als Synapse oder auch synaptischer Spalt bezeichnet (Anderson 2007).

Im synaptischen Spalt findet der Informationsaustausch zwischen den Nervenzellen durch Freisetzung von Neurotransmittern statt. Ihre Aufgabe ist es, Informationen von einer Nervenzelle zur nächsten zu übermitteln. Diese chemischen Botenstoffe wirken auf die Membranen der Dendriten ein und ändern so

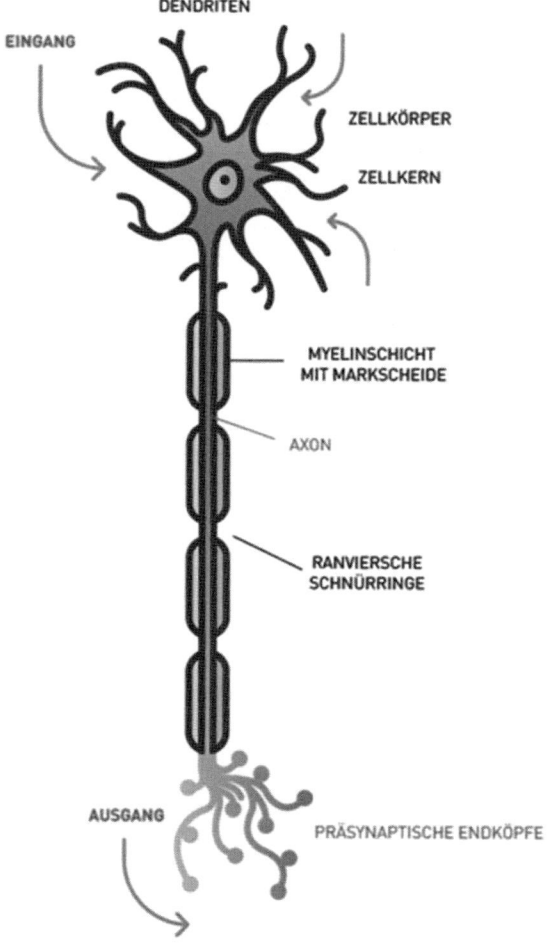

Abb. 3.3   Aufbau der Nervenzelle. (Eigene Darstellung)

ihre elektrische Polarität. Die veränderten Polaritäten der Neuronen werden in den Dendriten gesammelt und entlang des Axons zu den anderen Dendriten der Nervenzellen versendet (Anderson 2007). Nervenzellen, die häufig gemeinsam aktiv sind, binden sich so enger aneinander als Nervenzellen, die weniger synchron aktiv sind. Je häufiger Nervenzellen gemeinsam aktiv sind und elektrische

Potenzialveränderungen versenden, desto fester, dicker wird die Brücke beziehungsweise die Synapse. Im Englischen ist in diesem Zusammenhang der Satz „What fires together, wires together" geläufig.

Dieser beschriebene Vorgang zeigt grob die Schritte, die erforderlich sind, damit das menschliche Gehirn lernen kann (Traindl 2007). Es entsteht das sogenannte Erfahrungswissen, das zum Beispiel den gelernten Zusammenhang von leichten Dingen und der Eigenschaft „oben" sowie schweren Dingen und „unten" beschreibt. Auf diese Weise finden auch das Auslösen und die Verankerung von Markenbotschaften und Interaktionsmustern statt, was in Kap. 8 eingehend beschrieben wird.

3.4   Hirnforschung versus Marketing-Mythen

Waren bislang die Psychologie und die empirische Marktforschung die Disziplinen, die sich das Verständnis des Konsumentenverhaltens auf die Fahnen geschrieben haben, so machen seit einigen Jahren die Fortschritte in der Hirnforschung, speziell in der Kombination mit Erkenntnissen aus der Psychologie, neue Einblicke in die Gefühlswelt des Konsumenten möglich. Und so haben sich inzwischen einige der im Marketing gängigen Modelle als unzulänglich herausgestellt.

Die Erkenntnis, dass das Gehirn nicht in einzelne Bereiche einzuteilen ist, sondern dass alle Areale und Strukturen des Gehirns immer verbunden sind und miteinander kommunizieren, stellt u. a. das noch immer ins Feld geführte Modell des Homo oeconomicus grundlegend infrage. Geht dieses doch davon aus, dass der Mensch (Kauf-)Entscheidungen immer rein rational trifft. Das Modell besagt, dass ein Konsument vor jeder Kaufentscheidung sowohl eine Preis-Leistungs-Analyse als auch eine Bedürfnisbewertung vornimmt, um das beste und qualitativ hochwertigste Produkt für seine individuelle Wünschewelt und seinen budgetären Verhältnissen entsprechend zu wählen sowie seine Kaufentscheidung auf Basis dieser Parameter zu fällen. Zumindest in der reinen Theorie des Homo oeconomicus werden Gefühle und Emotionen nicht oder nur ansatzweise berücksichtigt (Scheier und Held 2006).

Weitere gängige Annahmen sind, dass Konsumenten ihre Entscheidungen bewusst fällen und somit auch bewusstes Kauf- oder Nutzungsverhalten stimuliert werden kann, oder im Gegenteil, dass der Mensch ein passiv und automatisch handelndes, hedonistisches und triebgesteuertes, leicht durch passende Stimuli und Massenkommunikation manipulierbares „Konsumäffchen" sei.

Doch was treibt den Menschen wirklich an? Heutzutage ist niemand mehr in der Lage, die volle Breite an Produkten bewusst zu analysieren, da es einfach zu viele Produkte gibt. Der Konsument von heute entscheidet über den Kauf von Produkten, Marken oder Dienstleistungen meist rein intuitiv, basierend auf Gefühlen und Emotionen (Häusel 2009). Erst im Nachhinein rationalisiert der Mensch seine eigentlich emotionale Kaufentscheidung, wenn er zum Beispiel gegenüber Freunden den Kauf eines neuen Wagens rechtfertigt: Er kauft das Auto aus emotionalen Gründen (Design, Marke, Farbe etc.), begründet aber gegenüber Freunden den Kauf rational (Fahrleistung, Straßenlage, Kraftstoffverbrauch etc.). Die bewusste Entscheidung bzw. Handlung erfolgt erst nach einer Vielzahl unterbewusster Entscheidungen, auf die bereits durch Signale und Botschaften, die von Produkten oder Werbung ausgehen, eingewirkt wurde.

Dies wird umso klarer, wenn man sich noch einmal den Aufbau des menschlichen Gehirns ins Gedächtnis ruft. Die bereits beschriebene Amygdala (hier entstehen die Emotionen) sitzt in beiden Gehirnhälften und zudem direkt neben dem Hippocampus (s. Abb. 3.4), der kognitiven Zentrale des Gehirns und zuständig für

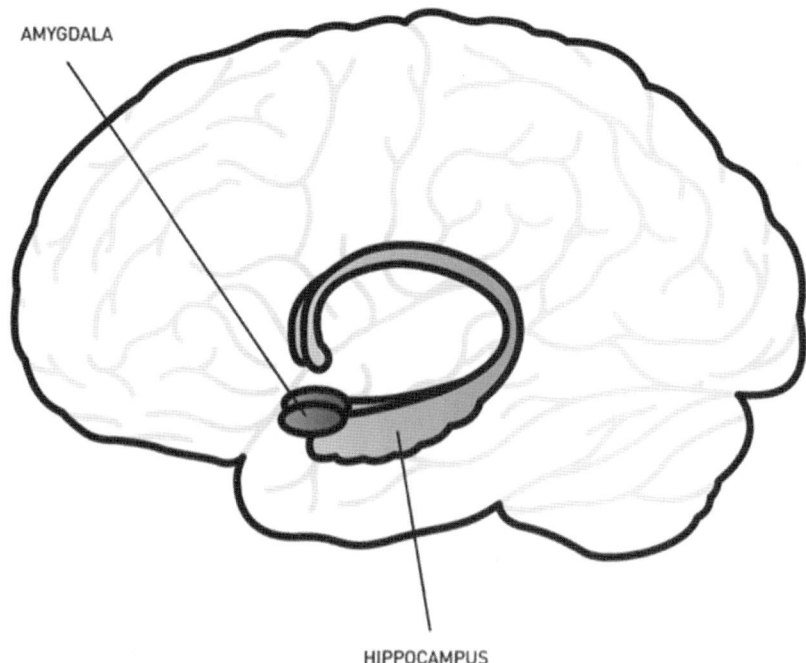

Abb. 3.4 Lage der Amygdala und des Hippocampus im Gehirn. (Eigene Darstellung)

das Langzeitgedächtnis. Emotionen und Gedächtnis sind somit bereits rein anatomisch nicht voneinander zu trennen. Dies hat zur Folge, dass Botschaften, die mit Emotionen aufgeladen sind, besser abgespeichert werden. In Bezug auf Customer Experience und User Experience Design lässt sich ableiten: Interaktion muss Emotionen auslösen und darf nicht auf rein rationalen Motiven beruhen.

Der Konsument ist also weder ein rein rationales noch ein vollkommen triebgesteuertes Wesen. Vielmehr beeinflusst eine Reihe von individuellen Persönlichkeitsmerkmalen, Emotionen und Motiven seine Handlungen, zunächst und zum großen Teil auf impliziter Ebene, letztendlich aber doch meist über die Ebene des Bewusstseins. Auf diesen Komplex wird in Kap. 5 näher eingegangen.

Fazit

Der Homo oeconomicus existiert nicht – Menschen treffen (Kauf-)Entscheidungen in der Regel unbewusst, eine Rationalisierung findet erst im Nachgang statt. Es gibt keine rein rationalen Prozesse im Gehirn, Emotionen spielen bei jeder Entscheidung eine Rolle. Diese Erkenntnis verdanken wir den Messverfahren der modernen Hirnforschung, die es ermöglichen, Prozesse im Gehirn nahezu in Echtzeit zu beobachten. Waren es bis vor einigen Jahren noch die Disziplinen Psychologie und empirische Marktforschung, die bei der Erforschung von Konsumentenverhalten Dogmen ausriefen, so gibt inzwischen die Hirnforschung den Takt an. Sie zeigt auf, dass es Faktoren wie individuelle Persönlichkeitsmerkmale, Emotionen und Motive des Konsumenten zu betrachten gilt, wenn man seine Handlungen und Entscheidungen verstehen will. Für die Interaktion zwischen Unternehmen und Kunde gilt: Emotionale Botschaften werden besser abgespeichert.

Literatur

Anderson, John Robert. 2007. *Kognitive Psychologie*, 6. Aufl. Heidelberg: Spektrum Akademischer Verlag.
dasGehirn.info. 2016. https://www.dasgehirn.info/. Zugegriffen: 21. Sept. 2016.
Häusel, Hans-Georg. 2009. *Emotional Boosting. Die hohe Kunst der Kaufverführung*, 1. Aufl. Planegg: Haufe.
Scheier, Christian, und Dirk Held. 2006. *Wie Werbung wirkt*. Planegg: Haufe.
Traindl, Arndt. 2007. *Neuromarketing*. Linz: Trauner.

Wahrnehmung und Aufmerksamkeit

4

Zusammenfassung

Die Psychologie spielt für das eingehende Verständnis des Konsumenten eine ebenso wichtige Rolle wie die Hirnforschung. Um das Zusammenspiel beider Disziplinen besser zu verstehen, ist das Verständnis der Grundlagen der kognitiven Psychologie notwendig. Denn der Ablauf der Wahrnehmung und die Steuerung der Aufmerksamkeit bestimmen erst, welche Reize an unser Bewusstsein gelangen und was im Verborgenen bleibt.

4.1 Kognitive Psychologie?

Die kognitive Psychologie ist die wissenschaftliche Erforschung der Organisation von Geist und Psyche. Dabei stehen besonders die Fragen im Fokus, wie intelligentes Denken (zum Beispiel Lernen, Entscheidungen treffen und die Wahrnehmung) entsteht und wie die Prozesse des Denkens im Gehirn sichtbar gemacht werden können (Anderson 2007). Kognition spielt im gegebenen Kontext eine große Rolle, da sie über wahrgenommene Realisierungschancen das Verhalten beeinflusst. Denn es sind nicht nur die Motive, die den Menschen leiten, vielmehr treibt ihn das ständige Bedenken fördernder und hemmender Umstände an: Er will sein Belohnungszentrum ansprechen, Unlust und Schmerz vermeiden. Diese zwei Systeme steuern das komplette emotionale Geflecht des Menschen und beeinflussen weitere Schritte des Verhaltens und Handelns (vgl. Kap. 5). Im gegebenen Kontext sind vor allem die Prozesse der Wahrnehmung und der Steuerung der Aufmerksamkeit von hoher Relevanz.

© Springer Fachmedien Wiesbaden GmbH 2017
F. van de Sand, *User Experience Identity*,
DOI 10.1007/978-3-658-15959-7_4

4.2   Wahrnehmung und Aufmerksamkeit

Zur Verdeutlichung des Unterschieds zwischen den leicht zu verwechselnden Begriffen der Wahrnehmung und Aufmerksamkeit vorweg ein Beispiel: der von Colin Cherry beschriebene „Cocktailparty-Effekt", der die selektive Aufmerksamkeit des Menschen verdeutlicht. Die Situation beschreibt zwei Personen, die sich auf einer Party unterhalten. Beide Personen fokussieren ihre Aufmerksamkeit auf das jeweilige Gegenüber, die nähere Umgebung wird vermeintlich ausgeblendet. Bis zu dem Zeitpunkt, an dem eine der beiden Personen das Rufen ihres Namens vernimmt und sich umgehend abwendet, um nach der Person zu sehen, die sie gerufen hat. Dieses Beispiel zeigt, dass das Gehirn der gerufenen Person neben dem geführten Gespräch unbewusst auch ständig seine Umwelt wahrgenommen hat, jedoch nur bedeutsame Hinweisreize, wie zum Beispiel der eigene Name, das Bewusstsein erreichen (Cherry 1953).

„Das menschliche Gehirn ist kein passives Organ, das einfach darauf wartet, von externen Reizen aktiviert zu werden. Das Gehirn benutzt kontinuierlich vergangene Erfahrungen, um sensorische Informationen zu interpretieren und diese für unmittelbar relevante Zukunft vorherzusagen", so der Neurowissenschaftler Moshe Bar über das menschliche Gehirn und dessen Wahrnehmungsfunktion (Scheier et al. 2010).

4.2.1   Wahrnehmung

Zunächst zur Wahrnehmung selbst. Die Definition der Wahrnehmung nach „Wahrnehmung und Aufmerksamkeit" lautet wie folgt: „Wahrnehmung ist ein Prozess, mit dem das menschliche Gehirn die Informationen, die von den Sinnessystemen bereitgestellt werden, organisiert und interpretiert." Ausschlaggebend für die Wahrnehmung ist, dass der Mensch keinen direkten Einfluss darauf nehmen kann, was er wahrnimmt und was nicht. Die Wahrnehmung ist stark an die Evolutionsentwicklung gebunden und daher auch stark auf Instinkte fixiert. Doch nicht allem, was der Mensch wahrnimmt, ist er sich bewusst. Viele Reize aus der Umwelt werden vorab vom Unterbewusstsein kategorisiert. Weit bevor gewisse Reize ins Bewusstsein treten, werden diese als gefährlich oder neutral eingestuft (Hagendorf et al. 2011).

Um die Wahrnehmung besser zu verstehen, kann sie als Prozess mit einer bestimmten Abfolge definiert werden. Es sei angemerkt, dass der Wahrnehmungsprozess niemals statisch abläuft. Der Prozess hat immer eine Eigendynamik,

Abläufe können in einer anderen Reihenfolge auftreten oder sogar vollkommen ausbleiben, und doch findet der Prozess ununterbrochen statt.

Abb. 4.1 zeigt die Hauptschritte des Wahrnehmungsprozesses. Dieser beginnt mit einem Stimulus, einem Reiz aus der Umwelt. Dieser Reiz kann klassifiziert werden in verfügbare Stimuli oder beachtete Stimuli. Der verfügbare Stimulus beschreibt die Menge aller Dinge, die ein Mensch in einer Situation potenziell wahrnehmen kann. Die gesamte nähere Umwelt wird erfasst, ohne aber gezielt Aufmerksamkeit zu erregen. Der beachtete Stimulus entsteht durch die auf ein Objekt gelenkte Aufmerksamkeit. Im Beispiel des Cocktailparty-Effekts wäre der verfügbare Stimulus der Raum, in dem sich die Gesprächspartner befinden, inklusive dessen, was sich darin befindet. Der beachtete Stimulus würde sich bei der

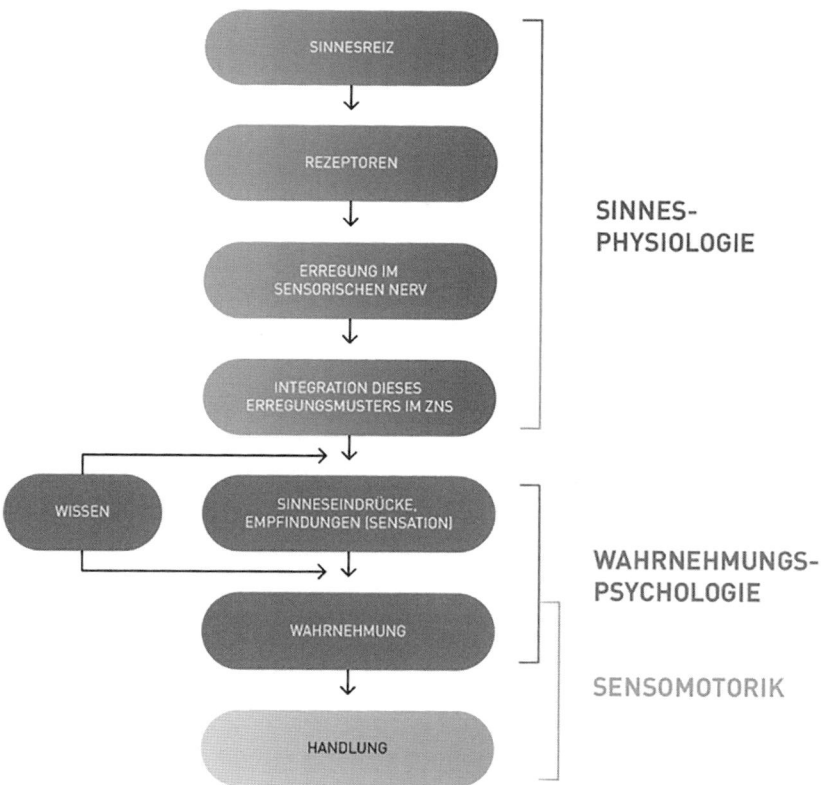

Abb. 4.1 Stadien der Wahrnehmung. (Eigene Darstellung)

gerufenen Person im Moment des Rufes vom Gesprächspartner hin zu der rufenden Person verschieben.

Der nächste Schritt im Prozess beschreibt die Wirkung des Stimulus an den Rezeptoren. Im Buch „Wahrnehmungspsychologie" von Goldstein wird ein Stimulus am Beispiel eines eingehenden Reizes über das Auge erklärt. Ein Objekt, welches vom Auge erfasst wird, bildet auf den Rezeptoren der Retina im Auge ein Bild ab. Durch die sogenannte Transduktion wird dieses Bild in den Rezeptoren in elektrische Impulse umgewandelt, indem das Lichtmuster des Objektes von den visuellen Rezeptoren im Auge in elektrische Signale umgewandelt wird. Diese elektrischen Signale werden anschließend über Neuronenbahnen in die verantwortlichen Areale und Strukturen des Gehirns weitergeleitet und dort verarbeitet. Erst jetzt findet im nächsten Schritt die Wahrnehmung statt, die bewusste sensorische Erfahrung eines Objektes. Aufbauend auf der Wahrnehmung kann ein Objekt schließlich mit dem Erkennen aufgrund gespeicherter Erfahrungen, Erinnerungen, dem Erlebten und dem Wissen verbunden und kategorisiert werden. Erst in diesem Schritt macht sich der Mensch die Fähigkeit, Objekte in Kategorien einzuteilen, zunutze. Den Abschluss des Wahrnehmungsprozesses stellt die auf den Wahrnehmungen einer Person basierende Handlung dar (Goldstein 2008). Wird etwas durch unsere Sinne wahrgenommen, hat es aber nicht automatisch unsere selektive Aufmerksamkeit.

4.2.2 Aufmerksamkeit

„Mit Aufmerksamkeit werden Prozesse bezeichnet, mit denen wir Informationen, die für aktuelle Handlungen relevant sind, selektieren beziehungsweise irrelevante Informationen deselektieren. Selektion beeinflusst die Wahrnehmung und die Handlungsplanung sowie die Handlungsausführung und umgekehrt", so die Definition in dem Werk „Wahrnehmung und Aufmerksamkeit" (Hagendorf et al. 2011). Aufmerksamkeit kann sich nach Dingen, Objekten, Formen, Farben etc. richten.

Die selektive Aufmerksamkeit ist ausgesprochen wichtig für den Menschen. Man bedenke nur die unvorstellbare Zahl von elf Millionen Sinneseindrücken, die jede Sekunde von außerhalb auf den Menschen einwirken. Damit sich das Bewusstsein nicht mit dieser Vielfalt an Eindrücken auseinandersetzen muss, beschäftigt sich die selektive Aufmerksamkeit mit der kognitiven Fähigkeit, aus der Gesamtmasse an Reizen nur jene Reize herauszufiltern, die für die aktuelle Motivstruktur des Menschen relevant sind. Dies ermöglicht es dem Menschen, das richtige Handeln und logische Denken zu vereinfachen beziehungsweise dies erst zu ermöglichen (Hagendorf et al. 2011).

Im Kontext der Gestaltung von digitalen Produkten bedeutet dies, maßvoll abzuwägen, welche Elemente des Produktes tatsächlich die selektive Aufmerksamkeit erregen und welche nur „im Verborgenen" wirken, also nicht auf bewusster Ebene. Zu Ersterem gehören jene Elemente eines Interfaces, die einer aktiven Interaktion bedürfen. Zu Letzterem gehört all das, was implizit die Botschaft der Marke transportiert. Wenn wir mithilfe von UX die Geschichte einer Marke erzählen, so muss darauf geachtet werden, dass nicht zu viele Stimmen auf einmal in das Bewusstsein des Nutzers dringen.

Fazit

Ob wir wollen oder nicht: Wir nehmen permanent unsere Umwelt wahr, dem können wir uns aus evolutionären Gründen nicht entziehen. Unser Gehirn verarbeitet unterbewusst elf Millionen Sinneseindrücke pro Sekunde und entscheidet, welche dieser Eindrücke für unsere Motive relevant, welche als neutral oder gefährlich einzustufen sind und somit unserer Aufmerksamkeit bedürfen und ans Bewusstsein gelangen. Ziel für Marketer und Gestalter muss es sein, an den richtigen Stellen und im richtigen Maß die Aufmerksamkeit des Konsumenten bzw. Nutzers zu erlangen. Denn eines ist klar: Jedes Detail einer Kampagne, eines Point of Sale (POS) oder des Designs eines digitalen Produktes sendet Signale aus, die vom Rezipienten größtenteils implizit wahrgenommen werden. In Anbetracht dieser Tatsache gilt es, jeden Kontaktpunkt mit dem Konsumenten bis ins Detail auf die dort ausgesandten impliziten und expliziten Signale hin zu untersuchen und diese gezielt zu gestalten.

Literatur

Anderson, John Robert. 2007. *Kognitive Psychologie*, 6. Aufl. Heidelberg: Spektrum Akademischer Verlag.

Cherry, Edward Colin. 1953. Some experiments on the recognition of speech with one and two ears. *Journal of the Acoustical Society of America* 25 (5): 975–979.

Goldstein, E. Bruce. 2008. *Wahrnehmungspsychologie. Der Grundkurs*, 7. Aufl. Heidelberg: Springer.

Hagendorf, Krummenacher, und Schubert Müller. 2011. *Wahrnehmung und Aufmerksamkeit*. Heidelberg: Springer.

Scheier, Christian, Dirk Bayas-Linke, und Johannes Schneider. 2010. *Codes. Die geheime Sprache der Produkte*. Planegg: Haufe.

Was uns antreibt: Emotionen, Motive und Persönlichkeitsmerkmale

5

Zusammenfassung

Der Großteil unseres Verhaltens basiert darauf, positive Emotionen erleben zu wollen und Unlust zu vermeiden. Es existieren aber weitere, komplexere Treiber unserer Handlungen: Die drei Motive Sicherheit, Erregung und Autonomie bestimmen, welche Ziele wir uns setzen und mithilfe welcher Handlungen wir sie erreichen. Unsere Motivlage ist im Laufe unseres Lebens relativ konstant, und doch kann sie im Laufe eines Tages variieren. Unser Gehirn richtet unsere Aufmerksamkeit größtenteils unterbewusst auf jene Marken und Produkte, die unsere Motive ansprechen. Auf der Basis von Motiven bilden sich Zielgruppen heraus, die sich unter anderem mithilfe von Marken und Produkten voneinander abgrenzen. Neben der Ansprache der richtigen Motive müssen erfolgreiche Produkte aber zunächst gewährleisten, dass sie für den Konsumenten bzw. Nutzer relevant und glaubwürdig sind und sich möglichst vom Wettbewerb differenzieren.

Nachdem nun klar ist, wie Wahrnehmung und Aufmerksamkeit funktionieren, bleibt zu beleuchten, wie Reize, die unsere Aufmerksamkeit erlangt haben, unsere Handlungen beeinflussen. Wie bereits beschrieben, entscheidet der Mensch weitaus mehr intuitiv, umgangssprachlich „aus dem Bauch heraus" als bisher angenommen. Dieser Erkenntnis fiel das Modell des Homo oeconomicus zum Opfer – der rein rational denkende Mensch existiert nicht, kein Mensch kann seine Gefühle ausblenden. Bei jeder Entscheidung, die wir treffen, schwingen Erfahrungen aus bereits erlebten Situationen mit. Auf Basis unserer abgespeicherten, gefühlten und erlebten Emotionen werden Entscheidungen getroffen und daraus Verhalten generiert (Traindl 2007).

Unsere positiven wie negativen Emotionen haben also einen maßgeblichen Einfluss auf unsere Entscheidungen und unser Verhalten. Emotionen können in

© Springer Fachmedien Wiesbaden GmbH 2017
F. van de Sand, *User Experience Identity*,
DOI 10.1007/978-3-658-15959-7_5

zwei unterschiedliche Emotionssysteme unterteilt werden: das Belohnungssystem und das Vermeidungssystem. Beide waren in der Frühzeit der Menschheit für das Überleben von großer Bedeutung, wurden doch jene Verhaltensweisen belohnt, die zum Fortbestand unserer Spezies beigetragen haben (Nahrungssuche und -aufnahme, Fortpflanzung etc.). Heutzutage sind die Systeme nicht mehr in erster Linie für das Überleben wichtig, sondern vor allem ausschlaggebend für das Treffen von Entscheidungen. Emotionen entscheiden zum Teil erst darüber, was die Aufmerksamkeit des Menschen erhält und was nicht. Im Buch „Emotional Boosting" von Hans-Georg Häusel spricht der Autor von Emotionen als „Relevanz-Detektoren": „Marken, Produkte oder Services, die keine Emotion auslösen, sind für das Gehirn wertlos. Kein Produkt hat einen Wert an sich. Wert entsteht erst im Bewusstsein des Kunden" (Häusel 2012). Emotionen helfen, die richtigen Entscheidungen zu treffen. Vereinfacht ausgedrückt bedeutet dies im gegebenen Kontext, durch Markenkommunikation und Produktgestaltung positive Emotionen auszulösen und negative Emotionen zu vermeiden.

5.1 Belohnungs- und Vermeidungssystem

Das komplette emotionale Geflecht des Menschen wird durch das Belohnungs- und Vermeidungssystem gesteuert. Durch diese zwei Systeme werden Meinungen, Einstellungen sowie Gefühle zu Thematiken und Situationen generiert. Die beiden Systeme entscheiden auch über weitere Schritte des Verhaltens und des Handelns.

Das Belohnungssystem wird aufgeteilt in zwei Subsysteme, bei denen das eine Subsystem für die erwartete Belohnung zuständig ist und somit den Körper motiviert, das angestrebte Gefühl zu erreichen. Das andere Subsystem schüttet beim eigentlichen Erleben des belohnenden Moments Endorphine aus, die sogenannten Glückshormone (Häusel 2009, S. 28).

Parallel zum Belohnungssystem gibt es das Vermeidungssystem, welches die gleiche Architektur besitzt. Vergleichbar dem Belohnungssystem ist auch hier ein Subsystem für die Straferwartung verantwortlich, das andere verarbeitet die eigentliche Strafe (Häusel 2009, S. 29).

5.2 Motive und Ziele

Der Mensch vollzieht vorzugsweise jene Handlungen, bei denen das Belohnungssystem angesprochen wird, und vermeidet solche, die Unlust auslösen. Gerade für unsere Handlungen und die dahinterliegenden Motive sind diese Emotionen sehr bedeutend.

▶ Motive: „Als Motive werden in der Psychologie angeborene psychophysische Dispositionen bezeichnet, die ihren Besitzer befähigen, bestimmte Gegenstände wahrzunehmen und durch die Wahrnehmung eine emotionale Erregung zu erleben, daraufhin in bestimmter Weise zu handeln oder wenigstens den Impuls zur Handlung zu verspüren" (Stangl 2016).

Jene Motive, die die Handlungen eines Menschen bestimmen, sind festgelegt und können nicht durch externe Faktoren erzeugt werden: „Die Frage danach, wie man Menschen motiviert, ist in etwa so sinnvoll wie die Frage ‚Wie erzeugt man Hunger?' Die einzig vernünftige Antwort lautet ‚Gar nicht, er stellt sich von alleine ein'" (Scheier und Held 2006). Es geht bei der Kommunikation von Marken und der Gestaltung von Produkten also nicht darum, Motive künstlich zu erzeugen, sondern bereits vorhandene Motive gezielt anzusprechen.

Das vom Psychologie-Professor Norbert Bischof entwickelte Zürcher Modell der sozialen Motivation beschreibt die drei zentralen, sozialen Motivationssysteme, die in jedem Menschen fest verankert sind. Das Modell vereint verschiedene Bereiche der Psychologie. Ergebnisse der modernen Hirnforschung, der Verhaltensforschung, der Evolutionsforschung bis hin zur Entwicklungs- und Motivationspsychologie wurden zusammengetragen und zu diesem Modell zusammengeführt. Es bildet die drei Kernziele des Menschen ab (Abb. 5.1):

1. Sicherheit (Streben nach Sicherheit und Geborgenheit, Familie, Fürsorge)
2. Erregung (Streben nach Abwechslung und Neuem, Abenteuer, Sex, Spieltrieb)
3. Autonomie (Streben nach Unabhängigkeit, Durchsetzung, Macht, Geltung, Leistung und Kontrolle) (Scheier und Held 2006, S. 99).

Jeder Mensch trägt diese Motive in sich, sie werden schon in den ersten Lebensjahren angelegt. Das Maß an Sicherheit, Erregung und Autonomie, das er benötigt, um ein erfülltes Leben zu leben, ist von Mensch zu Mensch unterschiedlich und über die Zeit und Situationen hinweg stabil. Die Motive bestimmen, ob wir eine Ausbildung beginnen oder eine akademische Laufbahn einschlagen, die Familie der Karriere vorziehen, einen Volvo oder einen BMW kaufen und welche Apps wir nutzen. Der individuelle Charakter und die kulturelle Entwicklung haben allerdings noch einen Einfluss darauf, welche Ziele sich später im Verlauf des Lebens stärker ausprägen als andere (Scheier und Held 2006, S. 105). Aufbauend auf den Emotionen, den Persönlichkeitsmerkmalen sowie den Motiven und Zielen, die ein Mensch verfolgt, bilden sich die Verhaltensmuster des Individuums.

Motiv	Sicherheit (S)	Erregung (E)	Autonomie (A)
Strebt nach	Vertrautheit Anschluss Geborgenheit	Neuem Stimulation Veränderung	Macht Geltung Leistung
Weitere Aspekte	Fürsorge	Spieltrieb	Selbstwert
Beispiele	Familie	Abenteuerurlaub	Führungsposition
Typische Automarken	Volvo ("Sicherheit aus Schwedenstahl")	BMW ("Freude am Fahren")	Audi ("Vorsprung durch Technik")
Begriff in der Hirnforschung	Angstsystem Paniksystem	Suchsystem ("Seeking")	Wutsystem ("Rage")

Abb. 5.1 Die drei Kernziele des Menschen. (Eigene Darstellung, nach Scheier und Held 2006)

Das Zürcher Modell ist für das Neuromarketing von großer Bedeutung, da es für die Wirtschaftswissenschaften die Motive und für die Managementebene eines Unternehmens die daraus resultierenden Handlungen greifbarer beziehungsweise verständlicher macht. Das Modell verbindet die neuronalen Vorgänge der Motive mit den Folgen (Scheier und Held 2006, S. 100 f.). Aufbauend auf einer Markenpositionierung und entsprechenden Kommunikationsmaßnahmen, die die richtigen Motive bedienen, können somit auch die Produkte eines Unternehmens nachvollziehbar so gestaltet werden, dass sie das Ansprechen der richtigen Motive unterstützen.

▶ Die Motive als mehr oder minder stabile Persönlichkeitseigenschaften haben einen großen Einfluss darauf, welche Ziele für einen Menschen wichtig sind. An dieser Stelle sei der Unterschied zwischen Motiven und Zielen hervorgehoben: Ziele beschreiben, was mit einer Handlung erreicht werden soll, die Motive sind der Grund, warum eine Handlung ausgeübt wird, um das Ziel zu erreichen. So wird ein Mensch, der das Motiv „Sicherheit" in sich trägt, eher ein Ziel wie „Eigenheim besitzen" verfolgen, während dem Ziel „Weltreise unternehmen" das Motiv „Erregung" zugrunde liegt.

Ziele als „erwünschte Zustände" werden von Konsumpsychologen in drei Kategorien eingeteilt: „Have, Do, Be.". Der Konsum von Produkten zielt immer darauf ab, etwas zu besitzen („Have"), etwas tun zu können („Do") oder etwas zu sein („Be") (Scheier et al. 2010). Bei jeder unserer Handlungen geht es darum, Ziele zu erreichen: Wir kaufen Pflegeprodukte, um attraktiver zu sein, einen BMW, um Freude am Fahren zu erleben, und teure Uhren, um unseren Status mehr oder minder dezent zur Schau zu stellen. Dabei ist noch einmal klar festzuhalten, dass auch Ziele stets den Zweck verfolgen, das Belohnungssystem anzusprechen und negative Emotionen zu vermeiden. Wir kaufen und nutzen Produkte, um belohnende Ziele zu erreichen. Demnach ist es wichtig, Markenkommunikation und die Gestaltung von Produkten auf diese Ziele auszurichten. Ohne Zielansprache kein Konsum und keine Nutzung.

Die Psychologie-Professoren Gordon Moskowitz und Heidi Grant fassen die zentralen Erkenntnisse zu den Zielen in ihrem Standardwerk zur Psychologie (Moskowitz und Grant 2009) der Ziele wie folgt zusammen:

- Ziele sind an Signale der Umwelt gekoppelt. Sie verbinden die Person mit der Situation, indem sie die Erwünschtheit („Desirability") und die Machbarkeit („Feasibility") bestimmen.
- Ziele geben Menschen Sinn und ein Gefühl der Kontrolle über ihre Umgebung.
- Ziele verbinden die Wünsche („Wants") einer Person mit mentalen und realen Handlungen, sie sind Verhaltenstreiber.
- Ziele werden auch implizit reguliert.

Ziele steuern also Verhalten, indem sie Motivation und Kognition integrieren. Sie sorgen dafür, dass wir gewünschte Zustände anstreben (Scheier et al. 2010). Hervorzuheben ist bei den Zielen auch, dass, wenn wir uns ein Ziel einmal gesetzt haben, die Überwachung der Erreichung dieses Ziels mehr oder minder unterbewusst stattfindet (vgl. Abschn. 6.2). In der Neuropsychologie wird dies als „implizite Zielüberwachung" (Implicit Goal Monitoring) beschrieben: Unser Gehirn gleicht automatisch und unterbewusst permanent unsere Umwelt (und damit auch Werbebotschaften und Produkte) mit unseren Zielen ab und entscheidet, welche Produkte zu unseren Zielen passen. Dies wiederum geschieht anhand der Beschaffenheit, der Gestaltung der Produkte. Produkte senden durch die Art und Weise, wie sie gestaltet sind, Signale aus, die unser Gehirn interpretiert und abgleichen kann, ob das Produkt zur Erreichung eines Ziels dienen kann oder nicht. Es ist somit möglich, zwischen impliziten und expliziten Zielen zu unterscheiden. So folgt zum Beispiel der Kauf von Zahncreme dem expliziten

Ziel sauberer Zähne. Das implizite Ziel jedoch ist Anerkennung und Attraktivität durch schönere Zähne.

Neben den Motiven, die uns zur Erreichung unserer Ziele antreiben, gilt es abschließend noch, die grundlegenden Persönlichkeitsmerkmale des Menschen zu betrachten. Denn auch diese haben einen maßgeblichen Einfluss auf die Ausprägung unseres Verhaltens und unserer Handlungen.

5.3   Persönlichkeitsmerkmale des Menschen

Aufgrund der unterschiedlichen Ausprägung von Motiven aus dem bereits beschriebenen Zürcher Modell entstehen bei jedem Menschen bestimmte individuelle Persönlichkeitsmerkmale. Diese werden in „Trait" und „State" kategorisiert. Jeder Mensch ordnet seine Persönlichkeit zunächst tendenziell einer Motivlage innerhalb des Zürcher Modells (Sicherheit, Erregung, Autonomie) zu. Diese grundlegende Motivlage wird als „Trait" bezeichnet, was wörtlich übersetzt Eigenschaft oder Wesenszug bedeutet. Frei übersetzt kann man einen Trait als Charakterzug des Menschen beschreiben. Das gewählte Motiv bestimmt unsere Persönlichkeit und funktioniert wie ein Filter für unsere Wahrnehmung: Wir reagieren eher auf Reize, die unsere Motive ansprechen. Ausgehend vom Motiv bilden sich dementsprechend auch „Abgrenzungs-Zugehörigkeitsgruppen" (vgl. Abschn. 5.4) und somit Zielgruppen.

Der Wertekanon einer Person bzw. einer Zielgruppe kann sich im Laufe der Jahre, aber auch schon im Laufe eines Tages ändern. Diese meist kurzfristig veränderte Motivlage wird als „State" beschrieben. State bedeutet wörtlich übersetzt Zustand. Dieser Zustand konzentriert sich auf die einzelnen Verfassungen, die sich beim Menschen im Laufe eines Tages ständig ändern. Der State ist stark mit den Ritualen und Routinen des Menschen gekoppelt, welche das Belohnungssystem aktivieren (Scheier und Held 2012, S. 171 ff.).

Die Motive, die Trait und State bestimmen, sind vergleichbar mit einer Skala, bei der „Null" bedeutet, dass die Gefühlslage und somit die Motive eines Menschen im Gleichgewicht sind und der grundlegenden Ausprägung entsprechen. Werden unsere Motive ins Ungleichgewicht gebracht, versuchen wir, den Zustand „Null" wiederherzustellen.

Von Geburt bis Kindergartenalter durchläuft ein Mensch eine Entwicklung, in der die drei Motive jeweils unterschiedlich stark ausgeprägt sind. Im ersten Lebensjahr, in dem das Kind sehr auf Hilfe angewiesen ist, ist das Sicherheitsmotiv besonders dominant. Eltern spenden Geborgenheit und beschützen das Kind vor Gefahren, es entstehen Bindung und Vertrauen. Sobald das Kind aber laufen kann, beginnt es, sich von den Eltern abzunabeln, seine Umwelt auf eigene Faust zu erkunden und seine Grenzen auszuloten. Das Erregungsmotiv steuert maßgeblich die Handlung und zielt auf Stimulation und das Kennenlernen von Neuem. Spätestens in der Interaktion mit anderen Kindern, in der Krippe, im Kindergarten oder in der Schule, spielt dann erstmals das Autonomiemotiv eine wichtige Rolle. Mit dem Einordnen in eine Gruppe gewinnen Aspekte wie Macht, Durchsetzungsvermögen und Selbstwert an Relevanz.

Die grundlegende Motivlage, die in diesen ersten Lebensjahren in uns angelegt wird, bestimmt unsere Handlungen ein Leben lang. Nichtsdestotrotz kann unsere Motivlage von der Kindheit über die Pubertät und die Adoleszenz, die Lebensmitte und das letzte Lebensdrittel auch immer wieder leicht variieren. Bei jungen Menschen ist zumeist das Erregungsmotiv stärker ausgeprägt, mit dem Beginn der beruflichen Laufbahn gewinnt das Autonomiemotiv an Bedeutung. In späteren Lebensabschnitten werden viele Menschen konservativer, sie wollen das Bestehende bewahren, Erregung und Autonomie spielen eine geringere Rolle, das Sicherheitsmotiv ist am stärksten ausgeprägt. All diese Variationen finden allerdings in dem Rahmen statt, den die grundlegende Motivlage vorgibt. Schwankungen in den Motiven prägen sich über den Lauf der Zeit mehr oder minder stark aus, das grundlegende Verlangen nach Sicherheit, Erregung oder Autonomie aber besteht konstant.

Beispiel

Folgende Situation beschreibt das Modell beispielhaft: Ein Vater fährt von der Arbeit nach Hause. Nach einem langen und erfolgreichen Tag ist das grundlegend angestrebte Motiv Autonomie vollkommen im Gleichgewicht. Das Motiv nach Sicherheit und somit nach seiner Familie jedoch liegt im Minusbereich der Skala. Intuitiv greift der Vater nach seinem Handy und ruft seine Familie an, um mitzuteilen, dass er nach Hause kommt. Das Ziel, welches der Vater verfolgt, ist, das Ungleichgewicht des Sicherheitsmotivs so schnell wie möglich wieder ins Gleichgewicht zu bringen.

Für Neuromarketing und Produktgestaltung bedeutet dies, die Alltagsabläufe der Menschen zu kennen, den jeweiligen State herauszufiltern und somit zu wissen, wann welches Motiv ins Minus geraten könnte, um dann genau hier gezielt mit dem Konsumenten/Nutzer zu kommunizieren. Denn es gilt, dass der Autopilot des Menschen immer auf der Suche ist, ein Ungleichgewicht der Motive auszugleichen. Greift man den Autopiloten ab und kommuniziert direkt in dieser

Minussituation mit ihm, spricht in diesem Moment also das Unterbewusstsein des Menschen an, kann dies zu nachhaltigen Erfolgen der Produkte bzw. der Marke führen.

Beispiel

Die Marke Coca-Cola beispielsweise bedient das Motiv nach Sicherheit durch soziale Geborgenheit. Kampagnen des Unternehmens drehen sich verstärkt um Themen wie gemeinsames Erleben, Zusammensein mit Freunden und Dazugehören. Dementsprechend finden sich Coca-Cola-Plakate oft an Orten, an denen dieses Motiv der Zielgruppe im Ungleichgewicht ist: in öffentlichen Verkehrsmitteln. Es findet kaum Kommunikation statt, es herrscht soziale Isolation, man kennt sich nicht, kaum jemand spricht miteinander (zumindest in Deutschland). Folglich ist das Geborgenheitsmotiv im Ungleichgewicht. Der Autopilot (vgl. Abschn. 6.2) ist für Signale, die dieses Motiv bedienen, sehr empfänglich. Die Kampagnen der Marke Coca-Cola entfalten hier eine enorme Wirkung.

Motive, Ziele, State und Trait bestimmen, ob eine Kommunikationsmaßnahme oder ein Produkt für den Konsumenten relevant und somit bei der Zielgruppe erfolgreich ist. Deshalb ist es so wichtig, diesen Rahmenbedingungen die nötige Wichtigkeit einzuräumen, zu verstehen, was den Kunden/Nutzer antreibt, um Kommunikation und Produktgestaltung darauf abzustimmen.

Neben der Analyse der Verfassung kann das Marketing sich zusätzlich die Kraft der Rituale und Routinen zunutze machen. Werden Produkte und Marken erfolgreich in den Tagesablauf der Konsumenten integriert, hat dies nachhaltige Wirkung auf das Produkt oder die Marke. Es gilt, dass durch Rituale das Belohnungssystem stimuliert wird und es somit zur Endorphinausschüttung kommt. Dies bedeutet wiederum, dass der Konsument die Nutzung des Produktes oder der Marke als eine Belohnung empfindet und die entsprechende Handlung gerne wiederholt.

Die großen Anbieter sozialer Netzwerke haben sich die Kraft der Rituale erfolgreich zunutze gemacht. Das Veröffentlichen persönlicher Beiträge auf Instagram oder Facebook, die über den Tag verteilt immer wieder eine Belohnung in Form von „Gefällt mir" oder Kommentaren ausschütten, ist ein Beispiel hierfür. Likes, Shares und Kommentare wirken wie eine Belohnung für den Nutzer in Form von Aufmerksamkeit und dem Gefühl, sozial eingebunden zu sein. Der User ist „hooked" (Eyal 2013) und findet sich schnell im nächsten „loop" wieder: einen neuen Beitrag veröffentlichen, sich belohnen lassen, daraufhin einen neuen Beitrag veröffentlichen usw. Betrachtet man Studien zur Smartphone-Nutzung in den ersten 15 min nach dem morgendlichen Aufwachen, so hat man schnell die-jenigen Marken und Produkte beisammen, die die Produktpsychologie im Zusam-menhang mit Ritualen am besten beherrschen.

In regelmäßigen Zeitabständen alle Timelines seiner Social-Media-Kanäle zu durchforsten, ist ein ebenso weitverbreitetes Ritual, das den Nutzer befrie-digt, indem es Endorphine ausschüttet. Getrieben wird die Verhaltensweise durch die Angst, etwas zu verpassen, und ist unter anderem der Grund, warum Social Media so gut funktioniert.

5.4 Der Mensch als Herdentier

Anhand der Motivstruktur der Menschen sowie der Intensität der Ausprägung ihrer Motive lassen sich Menschen in Gruppen einteilen – das Marketing spricht hier von Zielgruppen. Der Mensch existiert immer noch in „Herden". Auch wenn der Drang nach Individualität heutzutage ausgeprägter ist als je zuvor und sich sogar in vielen Kulturkreisen noch verstärkt, leben die meisten Menschen am liebsten in einer Gruppe, in der sie Bestätigung und Geborgenheit erfahren (Häu-sel 2009, S. 62). Diesen Ansatz kann das Neuromarketing strategisch nutzen, um gezielter an die Konsumenten heranzutreten. Durch die Benutzung gewisser Produkte oder Marken definiert sich nicht nur ein einzelner Konsument, auch eine „Herde" kann versuchen, sich geschlossen zu differenzieren. Ausschlag-gebend für „die Wahl der Herde" ist die Motivlage (siehe Abschn. 5.2 „Motive und Ziele"), die der einzelne Mensch in seinem Leben beziehungsweise in dem jeweils aktuellen Lebensabschnitt verfolgt (Häusel 2009, S. 62 f.).

Das soziale Herdendenken wirkt sich auch auf die Anwendung von Produkten und Marken aus.

Marken werden sowohl als Statussymbol als auch als Symbol der Zugehörig-keit zu einer sozialen Schicht/Gruppe/Herde verwendet. Dadurch entwickelt sich ein Netzwerk aus Marken und Produkten, das mit sozialen Netzwerken wie Fami-lie oder Freundeskreis vergleichbar ist (Scheier und Held 2006, S. 31).

Neben den Emotionen als wichtiger Treiber für Entscheidungen sind somit die menschlichen Motive ausschlaggebend für Handlungen (Scheier und Held 2006, S. 103). Die bereits erwähnten Markennetzwerke beziehen Kraft oder auch Rele-vanz aus den Motiven der jeweiligen Zielgruppe beziehungsweise der Herde.

5.5   Relevanz, Glaubwürdigkeit und Differenzierung

Damit Entscheidungen zum Kauf getroffen werden können, müssen neben der gezielten Ansprache der Treiber Emotionen, Motive und Ziele drei Kriterien bei jeder Form der Kommunikation mit Konsumenten berücksichtigt werden: Relevanz, Glaubwürdigkeit und Differenzierung. Sie sind zwingend erforderlich – sei es in einem TV-Spot, beim Service der Mitarbeiter, bei verkaufsfördernden Aktionen, im Verpackungsdesign oder beim User Experience Design (Scheier et al. 2010, S. 47). Werden sie kaum bis nicht kommuniziert, kann dies hohe Wirkungsverluste für das Unternehmen, die Produkte und die Marke zur Folge haben.

Relevanz steht im gegebenen Kontext für Wichtigkeit oder auch Beziehung. Grundsätzlich muss das zu bewerbende Produkt die Grundfunktionen, wie zum Beispiel Hunger und Durst stillen, erfüllen. Bei den Grundfunktionen handelt es sich um die expliziten (sichtbaren, greifbaren) Basisziele, die insbesondere den bewussten, rational denkenden Konsumenten ansprechen sollen. Ziel muss sein, zunächst die Basisziele zu definieren und mithilfe der Kommunikationswege den rational denkenden Teil der Konsumenten anzusprechen. Für die Gestaltung von Produkten gilt: Die Basisfunktionen zur Erreichung der angestrebten Ziele (z. B. einfache Banküberweisung) müssen zur Verfügung gestellt werden. Denn so viel auch im Unterbewusstsein entschieden wird, ohne einen Grund und eine „Rechtfertigung" für das Bewusstsein können keine Entscheidungen getroffen werden. Sprich: Keine Relevanz – keine Wahrnehmung.

Das zweite ausschlaggebende Element für Kaufentscheidungen ist die Glaubwürdigkeit. In der Markenkommunikation muss neben dem Basisziel auch das Leistungsversprechen kommuniziert werden. Hierzu zählen Werkzeuge des Empfehlungsmarketings, wie zum Beispiel die Stiftung Warentest oder Gütesiegel, die damit die Glaubwürdigkeit für die Konsumenten nachhaltig stärken. Je detaillierter die Abstimmung der aufbauenden Schritte (Ziele, Motive, Emotionen und die Relevanz), umso höher die Werbewirkung beim Konsumenten. Je stärker sich die Glaubwürdigkeit eines Produktes in das Konsumentengehirn integriert hat, umso wahrscheinlicher ist eine nachhaltige Kundenbeziehung. (Scheier et al. 2010, S. 47).

Das dritte Kriterium für erfolgreiche Produkte/Marken ist die Differenzierung vom Wettbewerb. Marketers stellen sich unter anderem der Herausforderung, dass knapp 85 % der von Stiftung Warentest getesteten Produkte mit „gut" abschneiden. Wo soll der Konsument noch einen greifbaren Unterschied feststellen? Daher ist neben den obligatorischen Faktoren Relevanz und Glaubwürdigkeit die Abgrenzung aus der breiten Masse von großer Bedeutung für das nachhaltige Bestehen des Produktes/der Marke. Das Neuromarketing muss die gesamte Kommunikation auf eine oder bestenfalls mehrere (wenn es das Produkt/die Marke zulässt) herausragende Produkteigenschaften konzentrieren. Hier kann insbesondere User Experience Design helfen, differenzierende Merkmale hervorzuheben. Eine besondere User Experience dient aber möglicherweise auch selbst als Differenzierungsmerkmal. So ist die Erfolgsgeschichte des E-Mail-Marketing-Service „Mail Chimp", der gegenüber dem Wettbewerb eine vergleichbare Funktionalität vorweisen kann, unter anderem auf eine hervorragende User Experience zurückzuführen.

Die Differenzierung kann explizit und greifbar über das Ansprechen des Piloten erfolgen.

Wesentlich effektiver ist aber die Kommunikation mit dem Autopiloten, die über implizite Signale oder auch Codes (wahrnehmbare sensorische Eigenschaften eines Produkts, vgl. Kap. 7) stattfindet. Die Codes haben das Ziel, gespeicherte Gefühle, Erinnerungen und Emotionen zu stimulieren, um in der Folge (Kauf-)Verhalten zu generieren. Sind die Codes eines Produktes/einer Marke jedoch leicht zu verwechseln oder sogar austauschbar, kann das zur Folge haben, dass der Konsument verwirrt ist oder sein gewünschtes Produkt bzw. die Marke nicht wiedererkennt. Werden Codes gezielt und gekonnt zur Differenzierung eingesetzt, führt dies im Idealfall zu einer Aktivierung des Belohnungssystems und somit einer nachhaltigen Speicherung der zu übermittelnden Inhalte und Botschaften eines Produktes oder einer Marke.

Nachdem in den vorangegangenen Kapiteln grundlegend auf die Funktionsweise des Gehirns und die damit verbundenen menschlichen Handlungen, Motivationen und Emotionen eingegangen wurde, beschreibt der folgende Teil, wie sich das Neuromarketing diese Erkenntnisse zunutze macht und welche Ansätze für nachhaltige Marketing- und Produktstrategien daraus entwickelt werden können.

Fazit

In jedem Menschen sind grundlegende Motive angelegt, die das Verhalten bestimmen und somit auch darüber entscheiden, ob eine Kommunikationsmaßnahme, das Nutzungsversprechen oder die Gestaltung eines Produktes relevant für ihn sind. Der Autopilot gleicht ständig ab, ob die Motivlage im „Soll" ist, und drängt auf ausgleichende Handlungen, wenn dies nicht der Fall ist. Marken und Produkte müssen auf die Zielgruppe zugeschnitten und so gestaltet sein, dass sie das Belohnungssystem ansprechen und ein Ungleichgewicht in den Motiven ausgleichen oder verhindern. Zuvor ist es jedoch unausweichlich, immer die drei Faktoren Relevanz, Glaubwürdigkeit und Differenzierung durch Kommunikation und Produktgestaltung sicherzustellen.

Literatur

Eyal, Nir. 2013. *Hooked: How to build habit-forming products. Createspace independent publishing platform.* New York: Penguin.

Häusel, H. G. 2009. *Emotional Boosting. Die hohe Kunst der Kaufverführung,* 1. Aufl. Planegg: Haufe.

Häusel, H. G. 2012. *Emotional Boosting. Die hohe Kunst der Kaufverführung,* 2. Aufl. Planegg: Haufe.

Moskowitz, Grant. 2009. *The psychology of goals,* 1. Aufl. New York: Guilford.

Scheier, Christian, und Dirk Held. 2006. *Wie Werbung wirkt.* Planegg: Haufe.

Scheier, Christian, Dirk Bayas-Linke, und Johannes Schneider. 2010. *Codes Die geheime Sprache der Produkte.* Haufe: Planegg.

Scheier, Christian und Dirk Held. 2012. *Was Marken erfolgreich macht.* Planegg: Haufe.

Stangl (2016). Motive und Motivation. Werner Stangl Arbeitsblätter. http://arbeitsblaetter.stangl-taller.at/MOTIVATION/default.shtml.

Traindl, H. 2007. *Neuromarketing.* Linz: Trauner.

Neuromarketing und der Traum vom gläsernen Konsumenten

Zusammenfassung

Moderne bildgebende Verfahren ermöglichen es, die Vorgänge im menschlichen Gehirn nachvollziehbar abzubilden. Diese Tatsache bietet vielversprechende Perspektiven für die relativ junge Disziplin des Neuromarketings, die die Kenntnisse der Hirnforschung mit dem klassischen Marketingansatz kombiniert. Ziel des Neuromarketings ist es, Konsum- und Nutzungsverhalten auf der Ebene von Hirnaktivitäten zu analysieren und diese Erkenntnisse für die Planung und Gestaltung von Marken, Marketingmaßnahmen und Produkten gewinnbringend einzusetzen.

Die Wissenschaft der Hirnforschung hat innerhalb der letzten Jahre dank moderner Technologien mehr Erkenntnisse über das menschliche Gehirn gewonnen als in den 100 Jahren davor. Gründe dieses Wissensanstiegs sind modernste bildgebende Verfahren sowie Kooperationen mit anderen wissenschaftlichen Bereichen wie zum Beispiel der Verhaltenspsychologie. Im Rahmen der vorliegenden Themensetzung gilt es zu untersuchen, in welcher Form und mit welchen Ergebnissen diese Kenntnisse über das menschliche Denken zu einer Weiterentwicklung des Marketings und der Produktgestaltung auf eine andere, man kann auch sagen subtilere und höhere, Ebene führen können. Und vor allem, welche „revolutionären" neuen Wege und Möglichkeiten tun sich folglich auf?

6.1   Der Ursprung des Neuromarketings

Neuromarketing bildet eine Brücke zwischen den modernen Kenntnissen der Hirnforschung und dem klassischen Marketingansatz (Traindl 2007, S. 51). Darunter versteht man nach Meffert und Steffenhagen (1977): „Marketing bedeutet

© Springer Fachmedien Wiesbaden GmbH 2017
F. van de Sand, *User Experience Identity*,
DOI 10.1007/978-3-658-15959-7_6

Planung, Koordination und Kontrolle aller auf die aktuellen und potenziellen Märkte ausgerichteten Unternehmensaktivitäten. Durch eine dauerhafte Befriedigung der Kundenbedürfnisse sollen die Unternehmensziele verwirklicht werden" (Meffert und Steffenhagen 1977). Es ist demzufolge nur konsequent, dass Marketingexperten die Potenziale der Neurowissenschaften für die traditionellen, betriebswirtschaftlichen Prinzipien und Prozesse erkannt, untersucht und für ihre Disziplin umgesetzt haben. Speziell die bisher kaum ungefiltert messbaren emotionalen Faktoren, die gleichermaßen für den Erfolg von Marketingmaßnahmen und Produkten von so großer Bedeutung sind, können in den Neurowissenschaften unter anderem durch bildhafte Verfahren empirisch erforscht und abgebildet werden. Drei wesentliche Ziele sind dabei (unter anderem), durch das Zusammenführen der beiden Wissenschaftsdisziplinen

- neue Markenstrategien zu entwickeln,
- die (im gegebenen Kontext digitale) Produktgestaltung zu optimieren und
- die Implementierung der Produkte/Marken zu unterstützen.

6.1.1 Die Neuroökonomie

Das Neuromarketing ist ein Teilgebiet der Neuroökonomie, welche sich in den letzten etwa 15 Jahren aus dem Bereich der psychologischen Verhaltensökonomie entwickelt hat. Die Neuroökonomie verarbeitet die Ergebnisse, Theorien und Verfahren der Neurowissenschaft mit dem Ziel, das wirtschaftliche Verhalten auf den Märkten besser zu verstehen.

6.1.2 Die Neurowissenschaften

Das Neuromarketing basiert auf den Kenntnissen der wissenschaftlichen Disziplin der Neurowissenschaften. Hierbei handelt es sich um eine moderne, noch verhältnismäßig junge Form der Forschung. Diese interdisziplinäre Forschungsform beschäftigt sich mit der Untersuchung von Formen und Strukturen des menschlichen Gehirns sowie mit dem gesamten Nervensystem und versucht, diese Ergebnisse integrativ zu erklären und zusammenzufassen.

Mithilfe moderner Hirnscanner machen die Neurowissenschaften die bildhafte Darstellung des menschlichen Gehirns möglich. Dies weckte schnell das Interesse der Wirtschaftswissenschaften – speziell des Marketings –, welche die darin enthaltenden Potenziale erkannten (Weining 2009, S. 2 ff.). Ziel war vornehmlich, einen

Kaufauslöser im Gehirn zu finden, um diesen dann mit strategischen Marketing-maßnahmen zu stimulieren. Der „gläserne Konsument" schien zum Greifen nah.

6.1.3 Das Neuromarketing

Auf Basis dieser Forschungen bildete sich über die Jahre das Neuromarketing als eigenständige Disziplin heraus. Heute ist erwiesen, dass es keinen Auslöser im Gehirn gibt, der alle Kaufentscheidungen steuert. Vielmehr gewann die Forschung die Erkenntnis, dass das Gehirn ein riesiges Konstrukt aus Milliarden verbundener Nervenzellen ist, welches über mehrere Wege der Kommunikation, sei es nun über die klassischen Wege oder über unkonventionelle Methoden des Marketings und der Produktgestaltung, stimuliert werden kann. Die Kommunikationswege, die sich für das Marketing herausbildeten, sind

- die Sensorik,
- das Storytelling,
- die Symbolik,
- die Sprache (vgl. Kap. 7).

Der Zuständigkeitsbereich des Neuromarketings erstreckt sich von der Gestaltung der Marke und aller damit verbundenen Themen (Positionierung, Wahrnehmung etc.) bis hin zum Design von Verpackungen, Point of Sale (POS) und weiterer Kategorien. Aber auch die Gestalter von analogen und digitalen Produkten (die erfolgreiche Bewerbung von Produkten ist letztendlich das Ziel der meisten Marketingmaßnahmen) können von den Erkenntnissen und Methoden des Neuromarketings profitieren und die Gestaltung als Werkzeug einsetzen, um positive Emotionen zu erzeugen, Motive gezielt anzusprechen und Markenversprechen in der Interaktion mit einem Produkt einzulösen.

Die Zeppelin Universität in Friedrichshafen am Bodensee prognostiziert, dass die Kapazitäten und Möglichkeiten des Neuromarketings bei Weitem nicht ausgeschöpft sind und in diesem Bereich noch zahlreiche Entwicklungsmöglichkeiten bestehen. Und die INSEAD Business School in Frankreich stellt zu den Entwicklungen des Neuromarketings fest: „Waren es bis zur Jahrhundertwende nur knapp 15 Unternehmen weltweit, die explizit neurowissenschaftliche Methoden für die Praxis anboten, lag die Zahl knapp zehn Jahre später mit gut 100 Unternehmen etwa sechsmal so hoch – Tendenz steigend" (Rampl et al. 2011).

Jedoch läuft jede noch so klug mithilfe des Neuromarketings geplante Marketingstrategie, Produktimplementierung oder Markenpositionierung ins Leere, wenn missachtet wird, dass nur durch das gezielte Ansprechen der richtigen Motive Relevanz und somit Kauf- und Nutzungsverhalten entsteht. Arndt Traindl formuliert es in dem Buch „Neuromarketing" folgendermaßen: „Was nicht wahrgenommen wird, existiert auch nicht in den Köpfen der Konsumenten als potentieller Kaufwunsch" (Traindl 2007, S. 49). Die Wahrnehmung und die damit verbundenen Abläufe und Emotionen im menschlichen Gehirn sind der Auslöser für den Produktkauf bzw. die Produktnutzung. Diese Abläufe gilt es, zu verstehen und mittels adäquater Methoden zu bedienen. Von zentraler Bedeutung ist hier die Unterscheidung zwischen bewussten und unbewussten Handlungen, zwischen Pilot und Autopilot. Denn in der Regel haben wir keinen bewussten Einfluss auf unsere Entscheidungen – der Großteil unserer Handlungen wird von unserem Unterbewusstsein gesteuert und nachträglich rationalisiert. Die Hirnforschung bezeichnet dieses Phänomen als „Benutzer-Illusion". Wir wähnen uns am Steuer, tatsächlich agieren wir die meiste Zeit im Modus „Autopilot". Der amerikanische Neurophilosoph Daniel Dennett formuliert die Benutzer-Illusion frei übersetzt folgendermaßen: „Das Bewusstsein eines Menschen gleicht einem Regierungssprecher, der Entscheidungen zu verkünden hat, an denen er a) nicht beteiligt war und b) dessen wahre Entscheidungsgründe ihm zudem nicht zugänglich sind." Erfolgreiche Kommunikation mittels Marketing und Design richtet sich also an die Regierung, das Unterbewusstsein, den Autopiloten.

6.2   Pilot und Autopilot

6.2.1   Autopilot

Die menschliche Wahrnehmung ist, wie in Kap. 4 beschrieben, dafür verantwortlich, die Umwelt abzutasten, die einwirkenden Eindrücke zu verarbeiten und diese für das Gehirn in eine verständliche Sprache zu „übersetzen". Das menschliche Gehirn nimmt durch die sogenannten peripheren Wahrnehmungsprozesse seine Umwelt permanent wahr (Scheier und Held 2008, S. 100).

Pro Sekunde sind ungefähr elf Millionen Sinneseindrücke (in der Literatur auch als „Bits" beschrieben) zu verarbeiten, die von außerhalb auf den Menschen einwirken. Diese Sinneseindrücke nimmt man, wie schon im Namen ersichtlich, über die primären Sinne, also Hören, Sehen, Riechen, Schmecken und Tasten, auf. Neben den primären Sinnen werden auch die sekundären Sinne, wie zum Beispiel das Fühlen über die Hautrezeptoren, einbezogen. Kennzeichnend für die Wahrnehmung ist, dass der Mensch von dieser enormen Menge einströmender Eindrücke nur einen Bruchteil bewusst wahrnimmt. Der Umfang eingehender Informationen wird zuerst vom Unterbewusstsein verarbeitet und bewertet. Die hauptverantwortlichen Gehirnstrukturen hierfür sind unter anderem das limbische System und die Basalganglien, die ein Teil des limbischen Systems sind (Scheier und Held 2006, S. 62). Wie in Abschn. 3.2 „Das limbische System" beschrieben, befasst sich das limbische System mit der emotionalen Bewertung und dem Erlernen der Umwelt. Die elf Millionen Eindrücke werden also im limbischen System unbewusst emotional bewertet, mit guten oder schlechten Erfahrungen beziehungsweise Erinnerungen und kulturell Erlerntem verglichen oder auch neu „emotionalisiert" und abgespeichert (Traindl 2007, S. 50).

6.2.2 Pilot

Jene Reize, die es schaffen, bewusst vom Menschen wahrgenommen zu werden, haben seine Aufmerksamkeit erlangt, siehe hierzu auch Abschn. 4.2.2 „Aufmerksamkeit". Die Lage des Bewusstseins ist im vorderen Stirnhirn, dem Frontallappen, zu verorten. Wie in Kap. 3 beschrieben, befindet sich hier das Zentrum der Vernunft des Menschen. Die Kapazitäten des Bewusstseins belaufen sich auf nur 40 Sinneseindrücke pro Sekunde, was im Vergleich mit den elf Millionen Sinneseindrücken, die das Unterbewusstsein sekündlich verarbeitet, verschwindend gering ist.

6.2.3 Das Modell des Gehirns von Daniel Kahnemann

Diese beiden Funktionen des Gehirns, das Unterbewusstsein und das Bewusstsein, wurden von Daniel Kahnemann, Psychologe und Nobelpreisträger, in zwei Systeme eingeordnet, definiert und mit Merkmalen versehen (s. Abb. 6.1):

Das erste System (auch implizites System oder System 1 genannt) wird als Autopilot bezeichnet und beschreibt das Unterbewusstsein mit einer Verarbeitungskapazität von elf Millionen Sinneseindrücken pro Sekunde. Die relevanten Merkmale des Autopiloten sind darin zu sehen, dass er ökonomisch arbeitet und weitestgehend intuitiv und emotional entscheidet, und zwar innerhalb von zwei Sekunden. Der Autopilot hat die Aufgabe, Entscheidungen und Handlungen effizient zu fällen bzw. auszuführen. Zu seinen Aufgaben zählen „die Sinneswahrnehmung, viele Lernvorgänge (z. B. bei Werbung), Emotionen, Faustregeln,

bewusst

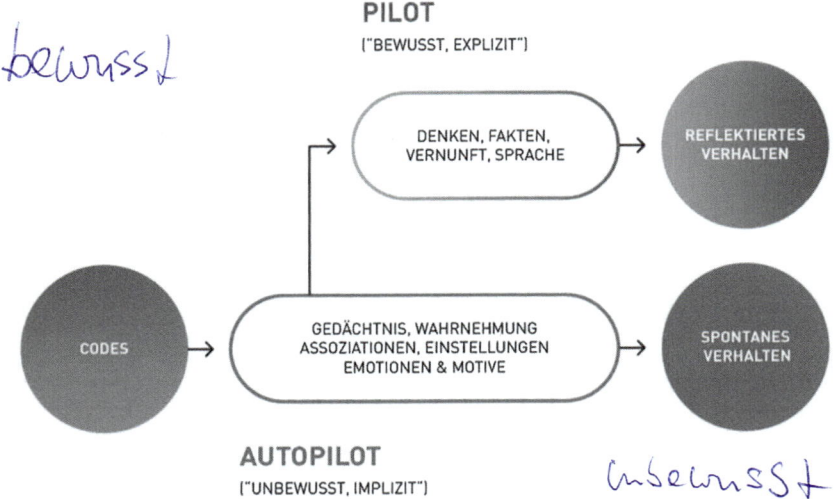

unbewusst

Abb. 6.1 Pilot und Autopilot nach Kahnemann. (Eigene Darstellung)

Stereotypen, Automatismen, Marken-Assoziationen, unbewusste Markenimages, spontanes Verhalten und intuitive Entscheidungen" (Scheier und Held 2007).

Das zweite System (auch explizites System oder System 2 genannt) beschreibt das Bewusstsein und bezeichnet dieses als den Piloten im Gehirn des Menschen. Mit dem Piloten denkt der Mensch rational, vernünftig und Preis-Leistungs-bezogen, eben nach dem klassischen Homo-oeconomicus-Modell. Der Pilot ist auch dafür verantwortlich, das Verhalten bewusst zu reflektieren und zu analysieren (siehe Abb. 6.1), mit ihm planen wir die Zukunft (Scheier und Held 2006, S. 60 f.). Er arbeitet seriell, also Schritt für Schritt, ist für das zuständig, was wir als „Nachdenken" bezeichnen. Der Pilot ist stets auf den Autopiloten angewiesen, da dieser zunächst alle eingehenden Signale vorverarbeitet und bewertet, erst dann gelangen sie ans Bewusstsein.

Die Aufschlüsselung der Kapazitäten des Autopiloten und des Piloten gibt Aufschluss über die unterschiedlichen Kommunikationspotenziale. Der Autopilot weist mit seinen elf Millionen Bits weit mehr Potenzial auf als der Pilot mit nur 40 Bits (Scheier und Held 2006, S. 49). Der Harvard-Professor Gerald Zaltman unterstreicht im Interview mit „Working Knowlegde", dass das Unterbewusstsein der wahre Treiber unserer Handlungen ist, dass 95 % der Kaufentscheidungen implizit getroffen und vom Autopiloten gesteuert werden (Knowing Knowledge 2011). Kunden lernen implizit wesentlich mehr und häufiger über Marken und

Produkte als explizit. Der Autopilot ist ausschlaggebend für Kauf- und Nutzungs-verhalten. An diesem Punkt können und müssen Marketing und Produktgestal-tung ansetzen und Maßnahmen entwickeln. Es gilt, eine Kommunikation mit dem Autopiloten herzustellen.

Wie aber lässt sich Kauf- und Nutzungsverhalten analysieren und interpre-tieren, wenn es größtenteils unterbewusst stattfindet? Hierzu bedient sich das Neuromarketing der Werkzeuge der Neurowissenschaften. Ziel ist es, den Erfolg von Marketingmaßnahmen „beweisbar" zu machen, indem man das Gehirn des Konsumenten beispielsweise beim Betrachten eines Markenlogos oder einer Kampagne mithilfe von Hirnscannern „durchleuchtet". Die Sinnhaftigkeit die-ser Methoden ist bis heute umstritten, vor allem da jegliche Versuchsanordnung immer in einer klinischen Umgebung stattfinden muss (noch gibt es keine mobi-len Hirnscanner, die z. B. die Vorgänge im Gehirn während eines Einkaufs im Supermarkt aufzeichnen könnten) und sich ein Proband der Testumgebung und -situation immer bewusst ist, was zu unscharfen Testergebnissen führt. Der Voll-ständigkeit halber seien nachfolgend einige Methoden beschrieben. Vor allem für die markenkongruente Gestaltung (digitaler) Produkte ist aber nach Ansicht des Autors die Anwendung einiger grundlegender Erkenntnisse der Neurowis-senschaften vollkommen ausreichend (vgl. Kap. 8) und eine Beweisführung per Hirnscanner nicht nötig.

6.3   Die Marktforschungsmethoden des Neuromarketings

In Kap. 5 wurde grundlegend erläutert, was Emotionen sind und welche Auf-gaben das Belohnungs- und Vermeidungssystem hat. Ebenfalls wurden in dem Kapitel die Persönlichkeitsmerkmale definiert sowie die drei grundlegenden Motive des Menschen (Sicherheit, Erregung, Autonomie) beschrieben. Hier soll nun aufgezeigt werden, in welcher Form sich das Neuromarketing diese Erkennt-nisse zunutze macht.

Emotionen bestehen nicht nur aus Instinkten, die das Überleben der Menschen sichern sollen, vielmehr sind sie auch Treiber für (Kauf-)Entscheidungen und für das daraus resultierende (Kauf-)Verhalten. Es ist jedoch fast nicht möglich, die Emotionen der Konsumenten zu veranschaulichen, da diese oft ihre eigenen Emo-tionen beziehungsweise Beweggründe für den Kauf von Produkten/Marken nicht in Worte fassen können – hier arbeitet größtenteils das Unterbewusstsein (Scheier und Held 2006, S. 153).

An diesem Punkt will das Neuromarketing ansetzen. Um Gefühle und Emotionen aufzudecken, bietet die Hirnforschung verschiedene technische Hilfsmittel. Neue Messverfahren wie etwa die funktionelle Magnetresonanztomografie (kurz: fMRT) machen Vorgänge im Gehirn nahezu in Echtzeit darstellbar. So kann beispielsweise abgebildet werden, welche Bereiche des Gehirns aktiv sind, wenn Menschen ihre Lieblingsmarken, Werbespots, Rabattsymbole, analoge und digitale Produkte betrachten. Drei verbreitete Forschungsmöglichkeiten werden nachfolgend dargestellt:

fMRT, EEG und SST. Ziel ist es, mit ihrer Hilfe die Lücke zwischen den Aussagen der Probanden und ihren eigentlichen (Kauf-)Handlungen zu schließen.

Für die Messung von Emotionen ist es bei allen Methoden von grundlegender Bedeutung, das Testumfeld so zu gestalten, dass der Proband während des Tests ausschließlich von dem gewollten Reiz stimuliert wird und keine weiteren externen Faktoren in die Messung einfließen, die das Ergebnis verfälschen könnten. Die volle Aufmerksamkeit des Probanden muss auf dem provozierten Reiz liegen, denn dieser löst bestimmte Gehirnaktivitäten aus, die gemessen und nachvollzogen werden können.

6.3.1 Funktionelle Magnetresonanztomografie (fMRT)

Bei der funktionellen Magnetresonanztomografie, auch als funktionelles Magnetresonanz-Imaging (kurz: fMRI) bezeichnet, handelt es sich um eine nicht-invasive Messmethode, in der ohne ionisierende Strahlung das menschliche Gehirn mit all seinen tätigen Arealen und Strukturen während bestimmter Situationen, wie zum Beispiel dem Fühlen oder Denken, bildlich dargestellt werden kann (Spitzer und Wulf 2008, S. 211 ff.). Das fMRT misst die Stoffwechselaktivitäten im Gehirn. Wird dem Probanden im Hirnscanner eine Aufgabe gestellt, benötigt das Gehirn für die Bewältigung der Aufgabe Sauerstoff, um den Energieträger Glucose abzubauen, der für die Gehirnaktivitäten benötigt wird. Als Reaktion auf die Sauerstoffentnahme führt der Körper weiteres sauerstoffreiches Blut heran. Mithilfe der unterschiedlichen magnetischen Eigenschaften des oxygenierten (sauerstoffreichen) und nicht oxygenierten (sauerstoffarmen) Blutes stellt das fMRT die Gehirnaktivitäten bildhaft dar. Der medizinisch-technische Fachausdruck hierfür ist BOLD-Effekt (Blood Oxygenation Level Dependent). Die aufbereiteten Daten des fMRT zeigen die Funktionsweise des menschlichen Gehirns und verbildlichen, wie intelligentes Denken stattfindet (Anderson 2007, S. 34 f.).

Dies macht das fMRT zur Methode mit den umfangreichsten Untersuchungs-Möglichkeiten und dem höchsten Detailgrad der ausgewerteten Daten. Allerdings handelt es sich beim fMRT um eine sehr aufwendige und kostenintensive Forschungsmethode. Daraus ergibt sich, dass die Durchführung des fMRT sowie die Aufbereitung der Ergebnisse alles andere als schnell und einfach vonstattengehen, wofür außerdem Fachpersonal zur Verfügung stehen muss (Häusel 2008, S. 28). Aufgrund der hohen Anfälligkeit für Störfaktoren entsprechen zudem nur 1–2 % der Daten einer Qualität, die eine Interpretation ermöglicht.

6.3.2 Elektroenzephalografie (EEG)

Die Elektroenzephalografie (kurz: EEG) ist eine Methode zur Messung von Gehirnaktivitäten. Das EEG findet nicht nur Anwendung in der Medizin, sondern auch in anderen wissenschaftlichen Bereichen. Es wird bereits seit Jahrzehnten in den Neurowissenschaften eingesetzt, um weitere Informationen zu den Strukturen des Gehirns und seiner Arbeitsweise in Erfahrung zu bringen. Die Forschungsergebnisse erzielt man, indem dem Probanden eine Kappe mit vielen hochsensiblen Elektroden auf die Kopfhaut aufgesetzt wird. Durch das Messen elektrischer Potenziale werden Neuronenpopulationen aufgezeichnet. So erhält man ein Gerüst der aktiven Strukturen des menschlichen Gehirns (Anderson 2007, S. 32).

Die Vorzüge der Elektroenzephalografie (EEG) liegen eindeutig im Handling. Anders als zum Beispiel beim fMRT ist das Umfeld flexibel, da die benötigten Gerätschaften von überschaubarer Größe sind. Die Beliebtheit dieser Methode basiert nicht nur auf der im Vergleich zum fMRT einfacheren, handlicheren Anwendung, sondern auch auf der hohen Qualität und Zuverlässigkeit der Ergebnisse. Diese werden durch die EEG-Sensoren ermöglicht, die heute bei den Testreihen eingesetzt werden. Sie können pro Sekunde 2000-mal die Gehirnaktivitäten aufzeichnen. Aktuell gilt das EEG „als die genaueste, zuverlässigste und praktikabelste Form der Konsumentenmarktforschung" (Nielsen 2016).

Dies zeigt sich auch bei einem Vergleich der Kosten. Der Anschaffungspreis eines fMRT liegt bei ca. 2 Mio. €. Für ein Unternehmen, das sich die Anschaffung nicht leisten kann, fallen Stundensätze zwischen 200 und 500 € an. Die Anschaffungskosten eines EEGs betragen nur ca. 10.000 €, stundenweise fallen hier ca. 100 bis 200 € an (Rampl et al. 2011). Es sei angemerkt, dass für das Erzielen eines repräsentativen Ergebnisses mindestens 20 bis 30 Probanden erforderlich sind.

6.3.3 Steady State Topography (SST)

Die SST-Methode wird eingesetzt, um das Memory Encoding, die Verschlüsselung von Erinnerungen, nachvollziehen zu können. Ziel ist es, mithilfe dieser Forschung die Aufmerksamkeit sowie das persönliche Engagement nachzuvollziehen und abzubilden. Das SST kann ebenfalls unterstützend wirken, um Reize herauszufiltern, die ins Langzeitgedächtnis abgespeichert werden und so Verhalten generieren. Diese Erkenntnis ist wichtig, um erfolgreiche Kampagnen zu konzipieren.

Das SST misst unmittelbar die elektrischen Impulse im Gehirn, kann also zeitnah erfassen, worauf eine Testperson reagiert und wie stark die Reaktionen sind. Dabei gilt das Interesse insbesondere den Hirnregionen, in denen das Langzeitgedächtnis angesiedelt ist, da hier Erlebnisse und Beziehungen langfristig abgespeichert werden.

Die Untersuchung läuft ähnlich wie beim EEG ab: Den Probanden wird eine mit Sensoren ausgestattete Kappe aufgesetzt, die die elektrischen Impulse im Gehirn messen soll. Darüber hinaus trägt der Proband einen Visor, von dem ein ständiges visuelles Signal ausgeht. Dieser Stimulus wird durch die Augen aufgenommen und löst eine bestimmte Gehirnaktivität aus, die bei der Auswertung als Benchmark für die generierten Daten dient.

Die Kernelemente dieser Messmethode befassen sich mit der Aufmerksamkeit des Menschen. Sie bezieht sich auf die Konzentration und auf die mentalen Leistungen des menschlichen Gehirns, welche selektiv, verschiebbar und teilbar sind. Im Zusammenhang mit dem SST bedeutet das, dass die Methode die mentalen Leistungen der Probanden ungeachtet sensorischer Gegebenheiten misst, indem die Auswirkungen unerwünschter äußerer Einflüsse auf das Ergebnis herausgefiltert werden. So sind die selektive Aufmerksamkeit der Probanden und damit unverfälschte Ergebnisse gesichert (Blogaboutplacements 2009). Die Einfachheit der Anwendung in Kombination mit den qualitativ hochwertigen Ergebnissen macht das SST zu einer Methode, die zurzeit eine hohe Anerkennung genießt.

Des Weiteren werden mittels SST die Faktoren „emotionale Intensität" und „emotionale Wertigkeit" gemessen. Die emotionale Wertigkeit kann als positiv oder negativ beschrieben werden und bestimmt sich durch die Motivationsstruktur eines jeden Probanden. Die Erregung oder auch emotionale Intensität beschreibt, in welchem Umfang sich ein Proband durch eine bestimmte Situation oder durch einen bestimmten Kommunikationsweg emotional einbinden lässt. Der letzte Bereich, mit dem sich das SST beschäftigt, ist die Encodierung im Gehirn. Hier werden die Gehirnaktivitäten dahin gehend analysiert, wie stark Erfahrungen im Langzeitgedächtnis abgespeichert beziehungsweise encodiert wurden. Das SST befasst sich nicht mit Erinnerungen, die bereits im Gehirn abgespeichert wurden, sondern mit jenen, die neu hinzukommen. Es kann feststellen, in welchem Maße und wie effizient Informationen langfristig im Gehirn encodiert werden.

6.3.4 Exkurs: Eye-Tracking

Das Eye-Tracking befasst sich nicht explizit mit dem Gehirn und dessen durch Reize ausgelösten Aktivitäten. Dennoch sollte das Eye-Tracking auch im gegebenen Kontext als Exkurs festgehalten werden, da es sich mit der Usability von Produkten und vor allem mit der geteilten und ungeteilten Aufmerksamkeit der Probanden beschäftigt. Beim Eye-Tracking handelt es sich um eine psychophysische Methode zur Aufzeichnung von Augenbewegungen (Sakkaden), der Abfolge der Betrachtung und der Dauer der Betrachtung (Fixation). Am weitesten verbreitet ist das sogenannte Cornea-Reflex-Verfahren, bei dem die Blickbewegungen mithilfe eines Lichtstrahls, den das Auge der Testperson reflektiert, von einer Infrarot-Kamera aufgezeichnet werden (Rampl et al. 2011, S. 33).

Fazit
Der gläserne Konsument bleibt zunächst, je nach Perspektive, eine Utopie bzw. Dystopie. Trotz der Kombination moderner Forschungsmethoden und -werkzeuge mit den klassischen Marketingansätzen lässt sich noch nicht zielführend „beweisen", wie eine Marke oder ein Produkt im Gehirn eines Konsumenten wirkt. Doch das Neuromarketing ist auf dem Vormarsch, und die Zahl der Unternehmen, die im Marketing auf neurowissenschaftliche Methoden vertrauen, wächst stetig. Der Einfluss des impliziten Systems auf das Kauf- und Nutzungsverhalten ist kaum zu überschätzen, die Potenziale in der Ansprache des Autopiloten sind enorm. Das Ausschöpfen dieser Potenziale wird für den Erfolg von Marken und Produkten in Anbetracht einer ständig komplexer werdenden (Marketing-)Welt von essenzieller Bedeutung sein.

Literatur

Anderson, John Robert. 2007. *Kognitive Psychologie*, 6. Aufl. Heidelberg: Spektrum Akademischer Verlag.
Blogaboutplacements. 2009. Gesichtsanalyse Software „Shore". https://blogaboutplacements.wordpress.com/. Zugegriffen: 21. Sept. 2016.

Häusel, Hans-Georg. 2008. *Neuromarketing*. Planegg: Haufe.

Knowing Knowledge. 2011. The thinking that leads. http://hbswk.hbs.edu. Zugegriffen: 21. Sept. 2016.

Meffert, Heribert, und Hartwig Steffenhagen. 1977. *Marketingprognosemodelle: Quantitative Grundlagen des Marketing*, 1. Aufl. Stuttgart: Poeschl.

Nielsen. 2016. Consumer Neuroscience. Nielsen. http://www.nielsen.com/us/en/solutions/capabilities/consumer-neuroscience.html. Zugegriffen: 21. Sept. 2016.

Rampl, Linn Viktoria, Hilke Plassmann, und Peter Kenning. 2011. Worauf Praktiker achten sollten. *Absatzwirtschaft* 5:33.

Scheier, Christian, und Dirk Held. 2006. *Wie Werbung wirkt*. Planegg: Haufe.

Scheier, Christian, und Dirk Held. 2007. *Was Marken erfolgreich macht*. Planegg: Haufe.

Spitzer, Manfred, und Bertram Wulf. (Hrsg.). 2008. *Braintertainment. Expedition in die Welt von Geist und Gehirn*. Frankfurt: Suhrkamp.

Traindl, Arndt. 2007. *Neuromarketing*. Linz: Trauner.

Weining. 2009. *Neuromarketing- Grundlagen, Anwendungsmöglichkeiten und Perspektiven*. Norderstedt: GRIN Verlag.

Codes: Produkte und die Geschichten, die sie erzählen

7

Zusammenfassung

Die Art und Weise, wie wir mit Produkten umgehen und was dieser Umgang in unseren Gehirnen auslöst, folgt bestimmten Regeln. Marken und Produkte senden Signale aus, die wir unterbewusst entschlüsseln. Zwischen Produkteigenschaften und einer dahinterliegenden, mentalen Ebene besteht ein regelhafter Zusammenhang. Je nach ihren physischen und haptischen Eigenschaften und ihrem Verhalten wählen wir bevorzugt jene Produkte aus, die unsere Ziele und Motive ansprechen. Dieses in der Neuropsychologie als „Conceptual Consumption" bezeichnete Phänomen bestimmt darüber, ob wir eher Produkte mit einem weich klingenden Markennamen kaufen, digitale Produkte mit einer kühlen, reduzierten Farbgebung und harter Formensprache präferieren oder jene, die kinderleicht nur über Zeigefingergesten bedient werden. Je mehr Sinneskanäle ein Produkt gezielt anspricht, umso höher ist dessen Erfolgserwartung.

Motive und Ziele als Treiber von Kauf- und Nutzungsverhalten wurden in den vorangegangenen Kapiteln beschrieben. Wie aber müssen Marketingmaßnahmen und Produkte konkret gestaltet sein, um die entsprechenden Motive und Ziele anzusprechen? Immerhin nutzen wir den Großteil unserer Produkte, ohne bewusst darüber nachzudenken – wir wissen intuitiv, wie und wann man sie benutzt.

Es scheint im Umgang mit Produkten gewisse Regeln zu geben, die wir intuitiv befolgen. Im Büro nutzen wir die einfache, große Kaffeetasse mit dem praktischen Henkel. Empfangen wir zu Hause Besuch, so schenken wir den Kaffee aus einer ansprechenden Kanne in Porzellantassen ein, die auf passenden Untertassen platziert sind. Den meisten Menschen fällt es schwer zu beschreiben, warum wir dieses Verhalten an den Tag legen. „Man" macht das eben so. Aber allein schon die Entscheidung, welche Kaffeetasse gewählt wird, basiert auf den Eigenschaften

© Springer Fachmedien Wiesbaden GmbH 2017
F. van de Sand, *User Experience Identity*,
DOI 10.1007/978-3-658-15959-7_7

der jeweiligen Tasse und der Bedeutung, die diese Eigenschaften hauptsächlich unserem Unterbewusstsein übermitteln. Marken und Produkte senden Signale aus, die Bedeutungen und Assoziationen codieren und von unserem Gehirn decodiert werden können. Dabei existiert ein regelhafter Zusammenhang zwischen physischen Produkteigenschaften, auch als „Signale" bezeichnet, und einer dahinterliegenden mentalen Ebene.

Ein Experiment an der Yale University verdeutlicht dies: Für den Versuchsaufbau wurde die Situation eines Einstellungsgesprächs simuliert. Die Probanden sollten ein kurzes Interview mit einer fremden Person führen und dann darüber entscheiden, ob sie die Person einstellen würden. Vor dem Gespräch bekamen die Probanden entweder ein warmes oder ein kaltes Getränk in die Hand. Die Ergebnisse des Experiments waren verblüffend: Die Testpersonen, die ein warmes Getränk erhalten hatten, beurteilten die fremde Person signifikant positiver als jene, denen ein Kaltgetränk gereicht worden war. Die Temperatur des Getränks hatte also einen Einfluss darauf, wie eine fremde Person beurteilt wurde (diese überraschende Erkenntnis wurde in der Fachzeitschrift „Science" veröffentlicht, was die Bedeutung der Forschungsergebnisse unterstreicht).

Reflektieren wir unser tägliches Verhalten, speziell unsere Sprache, wird der beschriebene Zusammenhang zwischen der Produkteigenschaft „warm" bzw. „kalt" und dem damit verbundenen „warmherzigen" bzw. „kaltherzigen" sozialen Urteil umso klarer. Wir sprechen von einem „unterkühlten" Verhältnis zwischen zwei Menschen oder davon, dass man mit jemandem „warm geworden" ist. Wir nutzen die physische Temperatur im übertragenen Sinn, übertragen sie in den mentalen Bereich. Weiter bezeichnen wir Menschen als „Softie" oder „harten Brocken", weil es im Gehirn „eine direkte Kopplung zwischen dem Tastsinn und mentalen Konzepten gibt" (Scheier et al. 2010). Dieses Phänomen gilt nicht nur in Bezug auf Temperatur oder Beschaffenheit. Vielmehr beschreiben Neurowissenschaftler der Kyoto University die implizite Kopplung von physischen Eigenschaften und mentalen Konzepten als ein allgemeines Organisationsprinzip im Gehirn (Scheier et al. 2010). Unser Gehirn folgt dabei dem Effizienzprinzip: Ob physische Eigenschaft oder mentales Konzept, es kann immer auf dasselbe Netzwerk zurückgreifen und muss nicht beides doppelt verarbeiten.

Die Existenz dieser mentalen Ebene wird in Anbetracht des Einflusses, den Marken offensichtlich auf unsere Kaufentscheidungen haben, niemand infrage stellen. Auch, dass diese Entscheidungen in der Regel unbewusst gefällt werden, ist bekannt. Immerhin wird eine Marke selten explizit als Kaufgrund genannt. Neueste Forschungsergebnisse ergänzen jedoch einen elementaren Zusammenhang: dass es „eine direkte und regelhafte Verbindung zwischen den physischen Eigenschaften eines Produktes und der dahinterliegenden mentalen Ebene gibt" (Scheier et al. 2010).

Der renommierte Verhaltensökonom Dan Ariely (Ariely und Norton 2009) bezeichnet die Fähigkeit, physische Produkteigenschaften in mentale Konzepte zu übersetzen, als „Conceptual Consumption". Sie basiert darauf, dass unsere Vorfahren auf das Suchen und den Konsum von Nahrung fokussiert waren, um überleben zu können. Dieser Trieb steuert uns noch heute, jedoch lässt er sich inzwischen sehr schnell und einfach befriedigen. Folglich suchen wir nach Möglichkeiten, diesen Konsumtrieb anderweitig zu stillen, und zwar über mentale Konzepte. Erst mentale Konzepte wie „Exklusivität" und „Status" ermöglichen es, dass Konsumenten für Kaffee der Marke Nespresso ca. 30 € pro Pfund bezahlen, statt 4 bis 10 € für das Kaffeepulver der Konkurrenz oder Uhren im Wert eines Einfamilienhauses tragen.

▶ Conceptual Consumption: Die Fähigkeit der Recodierung von physischen Produkteigenschaften in mentale Konzepte ist spezifisch menschlich. Menschen konsumieren Produkte und über ihre Eigenschaften auch immer die damit verknüpften mentalen Konzepte. Der Begriff „Conceptual Consumption" beschreibt dieses Phänomen und gibt Aufschluss darüber, was Konsum eigentlich für uns Menschen ist: „Wir regulieren mit Produkten und ihren physischen Eigenschaften mentale Prozesse" (Scheier et al. 2010). Die Beschaffenheit von Produkten bestimmt darüber, welche unserer Motive und Ziele angesprochen werden, und somit darüber, ob ein Produkt gekauft bzw. genutzt wird oder als nicht relevant eingestuft wird.

Die zentrale Erkenntnis ist: Beide Ebenen, die physische Produkteigenschaft und die dahinterliegende mentale Ebene, sind regelhaft und unmittelbar miteinander verbunden. Je nach Ausprägung ihrer physischen Eigenschaften wie Form, Beschaffenheit, Größe, Geräusche, Bewegungen und Verhalten, aktivieren Produkte eine dahinterliegende mentale Ebene im Gehirn – und das größtenteils implizit! Die so aktivierten mentalen Konzepte haben maßgebliche Auswirkungen auf die Beurteilung von Produkten und damit auf Kauf- und Nutzungsverhalten.

7.1 Wie Codes unser Verhalten steuern

Jede Eigenschaft eines Produktes, seien es die physischen Eigenschaften, der Geruch, die Form, die haptischen Eigenschaften, das Verhalten oder die Verpackung, löst eine Assoziation aus und aktiviert im Gehirn eine zugeordnete mentale Ebene. So kann zum Beispiel frisch gemahlener Kaffee die Ebene „Familie und Geborgenheit" stimulieren, da Emotionen, Erinnerungen und Erfahrungen mit dem Geruch in Verbindung gebracht werden, der an familiäre Feste erinnert (Scheier et al. 2010, S. 40 f.). Physische Wärme wird in soziale Wärme übersetzt, eine weiche Oberfläche codiert Weichheit im übertragenen Sinne, Händewaschen verhilft uns auch zu moralischer Sauberkeit. Während Affen ihre Rangordnung über den Zweikampf regeln, zeigen Menschen anhand großer Uhren und Autos, wer der Stärkere ist. Die Codes funktionieren dabei in beide Richtungen: Wir kaufen teure Uhren, um unseren Status zu zeigen, und greifen zu einem warmen Getränk, um soziale Kälte zu kompensieren.

Mentale Konzepte sprechen also den Autopiloten an, während die sichtbaren und greifbaren rationalen Aspekte eines Produktes/einer Marke, auch Basisziele genannt, mit dem Piloten sprechen. Erfolgreiche Produkte und Marken kommunizieren über beide Wege mit dem Konsumenten. Codes haben die Aufgabe, eine explizite und/oder implizite Verbindung zur Motivlage des Konsumenten herzustellen, unabhängig davon, ob es sich um Trait- oder State-Merkmale handelt. Sie sind die Verbindung vom Produkt zum Motiv und transportieren die Bedeutungen, über die der Konsument die Positionierung der Produkte/Marken (Sicherheit, Erregung, Autonomie) erlernen soll (Scheier und Held 2006, S. 98).

Mithilfe der Codes können Entscheidungen und Verhalten nachhaltig beeinflusst und geändert werden. Der Fachbegriff hierfür lautet Priming. Er besagt, dass sich Marketers durch gezielte Kommunikation über das Unterbewusstsein ihren Weg zum Konsumenten bahnen und so die Kaufentscheidungen beeinflussen können (Scheier und Held 2006, S. 56).

▶ Das Stirnhirn (auch Frontallappen, *Lobus frontalis)* versetzt den Menschen erst in die Lage, Produkteigenschaften in mentale Konzepte zu übersetzen. Diese Hirnregion ist beim Menschen 40 % größer als bei Affen, was unterstreicht, warum gezielter Konsum etwas spezifisch Menschliches ist. Hier entfalten Codes ihre Wirkung.

Jedoch kann man nicht von jedem Signal, welches man kommuniziert oder implizit an die Massen aussendet, sofort eine nachhaltige Verhaltensänderung beim Konsumenten oder die Aktivierung mentaler Konzepte erwarten. Hierfür müssen zwei Faktoren erfüllt sein: Die ausgesendeten Signale müssen mit dem Produktversprechen deckungsgleich sein und die impliziten Motive im limbischen System stimulieren. Nur dann entsteht beim Konsumenten die Glaubwürdigkeit, die notwendig ist, um (Kauf-)Verhalten auszulösen (Scheier und Held 2006, S. 107). Daher ist es das Ziel der Codierung von Signalen, das Produkt mit einer positiven Bedeutung aufzuladen, es mit positiven Assoziationen zu verknüpfen und diese mit den passenden Motiven (Sicherheit, Abenteuer oder Autonomie) in

Verbindung zu bringen (Scheier und Held 2006, S. 119). Ein Paradebeispiel, das häufig in der Fachliteratur genannt wird, ist Beck's Bier. Hier wurde ein Dreimaster als Code für Abenteuer und Freiheit gewählt. Und mit diesem Bild wird auch die Marke in Verbindung gesetzt. Diese Verknüpfung von Code und Motiv stimmt mit dem Denken und Handeln der explizit angesprochenen Zielgruppe überein, und der Erfolg und Bekanntheitsgrad der Marke spiegeln die erfolgreiche Markenkommunikation wider (Scheier und Held 2006, S. 139).

Für Marketing- und UX-Design-Abteilungen gilt es, die relevanten und übereinstimmenden Codes zu ermitteln, die sich mit den Motiven ergänzen. Denn je mehr Codes für ein Produkt und die Kommunikation zur Verfügung stehen, desto nachhaltiger speichern sich diese Informationen im Gehirn der Konsumenten ab. Da sich die Gesellschaft in einem ständigen Wandel befindet und sich in immer kürzeren Zeitabständen Trends entwickeln, muss ein Marketer die Signale der Marke ständig überprüfen, um auszuschließen, dass falsche Botschaften übermittelt werden. Sobald nämlich die Marke zu lange negativen Reizen ausgesetzt war, ist es problematisch, das ursprüngliche positive Bild der Marke wiederherzustellen. Studien zeigen, dass negative Reize stärkere Gehirnaktivitäten hervorrufen als positive. Dies bedeutet, dass das Vermeidungssystem beim Menschen eine wesentlich stärkere Wirkung hat als das Belohnungssystem (Traindl 2007, S. 53).

Ein wichtiger Punkt für internationale Produkte beziehungsweise Kampagnen ist die Beachtung kultureller Unterschiede in den jeweiligen Ländern, in denen das Produkt eingeführt und kommuniziert werden soll. Jede Kultur hat ihre eigenen mentalen Konzepte und kulturell gelernten Eigenschaften und daher auch immer unterschiedliche Codes. So gilt es, äußerst vorsichtig bei der Art und Weise der Kommunikation vorzugehen. Die Marketingabteilung sollte sich zuallererst intensiv mit der jeweiligen Kultur und den damit verbundenen Codes auseinandersetzen (Scheier et al. 2010, S. 59).

Die Arbeitsweise, Produkte anhand von Codes zu definieren, kann auch im Entscheidungsfindungsprozess hilfreich sein. Hat eine Agentur mehrere Konzepte für einen Kunden entwickelt, werden die endgültigen Entscheidungen häufig trotzdem noch nach dem Bauchgefühl getroffen. Die klare Definition von Codes kann dem entgegenwirken. Je mehr Signale für eine Kampagne bzw. in der Produktgestaltung eingesetzt werden können, desto besser ist es für die implizite Kommunikation mit dem Konsumenten. Dies erleichtert die Argumentation für oder gegen ein Konzept erheblich. Wie dies konkret vonstattengehen kann, wird in Kap. 8 beschrieben.

7.2   Multisensorik

Es gibt zum Zweck der Differenzierung auch Wege, die eher unkonventionell, aber sehr effektiv sind, wenn es um den Erfolg von Produkten oder Kampagnen geht. Die multisensorische Kommunikation zum Beispiel beinhaltet Möglichkeiten, sich nachhaltig und einzigartig am Markt zu positionieren und sich dadurch eine Alleinstellung zu erarbeiten (Scheier und Held 2006, S. 46).

7.2.1   Kommunikation über die Sinneskanäle

Grundsätzlich gilt es für diese Kommunikation, über mehrere Sinne Botschaften bewusst und vorsichtig auszusenden. Denn alles, was das menschliche Gehirn über die fünf Sinne aufnimmt, wird mit Emotionen versehen und abgespeichert, ob positiv oder negativ.

Das menschliche Gehirn ist darauf ausgelegt, Umfeld und Umwelt multisensorisch wahrzunehmen. In der Folge ist abzuleiten, dass die Kommunikation über mehrere Wahrnehmungskanäle zielführend und effizient ist (Lindstrom 2008, S. 159). Folgende Auswertung zeigt die Effektivität der Verarbeitung von Informationen über unterschiedliche und kombinierte Sinneskanäle auf:

Gehör: zu ca. 20 %

Auge: zu ca. 20–30 %

Auge + Gehör: zu ca. 40–50 %

Auge + Gehör + Tasten: zu ca. 80–90 % (Lindstrom 2008, S. 153)

▶   User Experience, das Erleben von und Interagieren mit digitalen Produkten, spricht sowohl das Auge als auch das Gehör und den Tastsinn an. Information wird mit einer Effektivität von 80–90 % verarbeitet. User Experience Design wird so zu einem Werkzeug, mit dessen Hilfe Markenbotschaften nachhaltig kommuniziert werden können.

Es sollten allerdings nicht ausschließlich die primären Sinne einbezogen werden. Ebenfalls von besonderer Bedeutung für die Markenkommunikation sind physische Eigenschaften wie Wärme, Oberflächenstruktur etc., die die sekundären Sinne ansprechen. Auch über diese Kanäle können Botschaften implizit in Form von Codes versendet werden (Häusel 2009, S. 82).

▶   **Ausblick**   Vor allem in Anbetracht der Entwicklung hin zum „Internet of Things" wird schnell klar, welches Potenzial in der Gestaltung dieser digitalen Identitäten steckt. Dinge erhalten einen Charakter: Kühlschränke sprechen mit uns und bestellen Essen nach, Automobile fahren uns autonom von A nach B und unterhalten uns währenddessen. Es wird Aufgabe von Gestaltern sein, den Charakter dieser Dinge auf Basis einer Markenpositionierung zu bestimmen und die Ansprache aller Sinneskanäle gezielt zu konzipieren: Wie spricht ein Gerät mit mir, wie fühlt es sich an, kann ihm kalt werden, verändert es seine Struktur, schämt es sich und wird rot, wenn es einen Fehler begangen hat?

Kommuniziert ein Produkt bzw. eine Marke über mehrere Wahrnehmungskanäle und somit über mehrere Sinne mit dem Kunden, entsteht im Gehirn eine zehnmal höhere Aktivität als bei den „traditionellen", zweidimensionalen Kommunikationswegen, die lediglich über Hör- und Sehsinn kommunizieren. Der Fachbegriff hierfür lautet Superadditivität oder „Multisensory Enhancement" (multisensorische Verstärkung) (Häusel 2009). Dieser Verstärkungsmechanismus bewirkt im menschlichen Gehirn, dass Muster besser abgespeichert werden und sich Markennetzwerke im Gehirn stärker einprägen. So bewirkt ein kleiner Anstoß durch Codes einen Schneeballeffekt im Gehirn: Das gesamte Netzwerk mitsamt aller mit dem Produkt/der Marke verbundenen Erfahrungen und Gefühle wird hervorgerufen. Je mehr Kanäle aktiviert werden, desto intensiver und nachhaltiger also die Kommunikationswirkung (Lindstrom 2008, S. 168 f.). User Experience Design ist prädestiniert für die gleichzeitige Aktivierung einer Vielzahl an Kanälen.

 ▶ **Superadditivität:** Dringt die gleiche Botschaft gleichzeitig über unterschiedliche Wahrnehmungskanäle in unser Gehirn, so hat unser Gehirn im Laufe der Evolution gelernt, dass diese Botschaft von großer Bedeutung ist. Folglich werden die einzelnen Sinneseindrücke nicht nur addiert, sondern durch bestimmte Mechanismen in unserem Gehirn um ein Vielfaches verstärkt. Wir erleben ein solches Ereignis bis zu zehnmal stärker, als es die Summe der einzelnen Eindrücke eigentlich ergäbe. Dies wird als „Superadditivität" beschrieben.

Die Verarbeitung multisensorischer Botschaften findet prinzipiell im gesamten Gehirn statt. Die sogenannten Multisensorik-Nervenzellen, auch bekannt als Interneurone, die gleichzeitig die Impulse aus mehreren Wahrnehmungskanälen verarbeiten, finden sich an fast jeder Stelle des Gehirns. Besonders viele Interneurone konzentrieren sich jedoch im Bereich des Superiorer Colliculus. Dieser übernimmt den größten Teil der Reizverarbeitung. Die Sinne Tasten, Sehen und

Hören, welche mit 80–90 % der Verarbeitung von Botschaften im Gehirn die einflussreichsten Kommunikationswege sind, werden hier miteinander verbunden. Alle Eindrücke, die über die Sinne aufgenommen werden, werden mithilfe der Amygdala und des orbitofrontalen Kortex verarbeitet. Sie sind zudem dafür zuständig, abgespeicherte Emotionen hervorzurufen und mit dem Produkt oder der Marke in Verbindung zu bringen (Lindstrom 2008, S. 168 f.). Das bedeutet, dass jeder Kanal seinen eigenen Bereich hat, in dem Botschaften verarbeitet werden, im Gesamten jedoch eine einheitliche, in sich stimmige Emotion erzeugt wird (Häusel 2009, S. 77).

Ein weiteres Mal wird deutlich, dass die kommunizierte Relevanz über alle Kanäle einheitlich wahrgenommen werden muss, um Wirkungsverluste und Verwirrung beim Konsumenten auszuschließen (Scheier und Held 2006, S. 83). Mit dem Wissen, welche Sinneskanäle als erste zu stimulieren sind, kann das Marketing Produkte und Marken nachhaltig vom Wettbewerb differenzieren und so einen einzigartigen Auftritt beziehungsweise Kontaktpunkt zum Konsumenten schaffen.

## 7.2.2	Embodiment

Neben der Möglichkeit der multisensorischen Vermarktung existiert eine weitere Methode zur Abgrenzung vom Wettbewerb. Die Forschungsgebiete der sogenannten „Embodied Semantics" und „Embodied Cognition" beschreiben das Embodiment als Weg, mentale Konzepte durch die Art der Interaktion mit einem Produkt auszulösen (Scheier et al. 2010, S. 67). Bei der Benutzung eines Produktes wird im menschlichen Gehirn neben den bereits beschriebenen Arealen meist auch der motorische Bereich stimuliert (Scheier et al. 2010, S. 66). Beim Anblick eines Produktes fragt unser Gehirn sofort: Was ist es und was kann ich damit tun? „Die Forschung spricht hier von ‚Embodiment' und meint damit die zentrale Rolle unseres Körpers bei der Entschlüsselung von Codes" (Scheier et al. 2010). Die Art und Weise, wie wir mit einem Produkt interagieren, wie wir es halten, ob wir es mit Zeigefinger oder Daumen benutzen, all das sind implizite Codes, die dem Nutzer ebenso Bedeutung wie seine Farbe, sein Material oder seine Geräusche vermitteln.

Beispiel

Apple hat sich aus gutem Grund die Interaktionsgesten, die zur Steuerung des iPhones genutzt werden, patentieren lassen. Der Umgang mit dem iPhone hat immer etwas Leichtes, Verspieltes. Wir blättern in den Apps meist mit einer leichten Bewegung des Zeigefingers. Ähnlich blättern wir in einem Magazin, was wiederum mit Freizeit, Zerstreuung und leichter Unterhaltung assoziiert wird. Bereits in der Interaktion mit dem iPhone werden also mentale Konzepte wie „Freizeit", „Zerstreuung" und „Leichtigkeit" codiert. Hinzu kommen die bunte Farbgebung und Animationen, die meist etwas verspielt sind (z. B. das Wackeln der App Icons, wenn eine App gelöscht werden soll). So manifestieren sich in Aussehen und Verhalten des Produktes sowie in der Interaktion mit dem Produkt bei jeder Benutzung die Konzepte „Zerstreuung" und „kurzweilige Unterhaltung" (Scheier et al. 2010).

Wenn das Leistungsversprechen beziehungsweise das Produktversprechen mit der Handhabung übereinstimmt, wird dem Konsumenten auf diesem Weg zusätzlich Glaubwürdigkeit suggeriert (Scheier et al. 2010, S. 79). Die Produkte erhalten durch die erhöhte neuronale Aktivität eine gesteigerte Attraktivität für den Konsumenten, das Verhalten der Konsumenten wird implizit beeinflusst. Die Art und Weise, wie wir ein Produkt handhaben, stellt eine wichtige Codierung dar. Zusammenfassend gilt: Produkte, die multisensorisch funktionieren, also möglichst viele Sinne gezielt gleichzeitig ansprechen, haben eine höhere Erfolgserwartung.

7.3   Sprache

Auch wenn es zunächst einmal nicht offensichtlich sein mag, so ist die Sprache doch ein nicht zu vernachlässigender Teil der User Experience eines Produktes. Sprache lässt sich zunächst allgemein aufgliedern in das gesprochene und das geschriebene Wort. Bei Gesprochenem steht nicht nur die Semantik im Vordergrund, sondern vielmehr die Prosodie, also Akzent, Wortklang und Wortmelodie. Das Gehirn des Menschen benötigt somit ein intaktes, auditives System, um die feinen Unterschiede im Klang und im Ton der Sprache herauszufiltern und diese mit Emotionen aus dem limbischen System zu verbinden, sprich mit höheren kognitiven Systemen des menschlichen Gehirns.

Gleiches gilt für das geschriebene Wort, zum Beispiel beim Lesen eines Buches oder dem Verstehen eines Zeitungsberichtes. Die Informationen werden über ein ausgeprägtes visuelles System, welches in der Lage ist, unterschiedliche Buchstaben zu erkennen, an höhere kognitive Prozesse weitergeleitet, wo die Informationen dann mit Bedeutung versehen werden. Jedes Wort wird als Grundbaustein betrachtet und seinerseits wieder in bedeutungtragende Unterbausteine zerlegt. Diese Untereinheiten bezeichnet man als Morpheme, die wiederum in der gesprochenen Sprache aus einzelnen Phonemen bestehen, Lauteinheiten mit unterschiedlicher Bedeutung. In der geschriebenen Sprache heißen diese Grapheme. Syntax beziehungsweise Grammatik bestimmen die Wortreihenfolge, ohne die die Sprache bloß eine sinnlose Aneinanderreihung von Worten wäre. Versteckte Informationen, durch Ironie oder eine sarkastische Konnotation vermittelt, werden durch die Prosodie übermittelt. Mimik, Gestik und Körperhaltung sind weitere nicht-sprachliche Aspekte der Kommunikation, die zur eindeutigen Übermittlung eines Inhalts benutzt werden (Pritzel et al. 2009, S. 446 ff.).

Für Marketing und Produktgestaltung ist vor allem die Auseinandersetzung mit der Prosodie einer Sprache wichtig. Sie müssen sich mit dem Akzent einer Kultur vertraut machen, ebenso mit dem kulturspezifischen Wortklang und der Wortmelodie. Nur so können tief greifende Fehler in der Verbreitung der Markenkernbotschaften vermieden werden, die nur schwer bis gar nicht reversibel sind. Die Sprache gilt als einer der schwierigsten Kommunikationsträger, speziell wenn die Sprache allein auftritt. Schwierig deshalb, weil ein Konsument pro Werbemittelkontakt nur zwei Sätze wirklich aufnehmen und verarbeiten kann, wie bereits zu Beginn des Buches erläutert. Das bedeutet für den Kommunikationsweg, Sprache immer mit nicht-sprachlichen Elementen (zum Beispiel dem Embodiment) zu verbinden, um so die Botschaften trotz der Sekundärkommunikation und hohen Streuverlusten nachhaltig zu kommunizieren (Scheier und Held 2006, S. 49 f.).

Die Prosodie muss immer mit den Eigenschaften des Produktes, das heißt mit den Formen und Farben und den weiteren physischen Eigenschaften des Produktes bzw. der Marke, übereinstimmen. Ist beispielsweise das gesprochene Wort im Klang hart (dies ist insbesondere bei den Buchstaben K und T der Fall), so wird das menschliche Gehirn automatisch auch die übrigen Produkteigenschaften eher als hart beziehungsweise kantig einstufen. Daher würde das Produkt an Glaubwürdigkeit verlieren, wenn vermittelt werden soll, dass es sich hier um ein sanftes, weiches Produkt handelt (Scheier und Held 2006, S. 80 f.). Das Ziel der Marketingabteilung sollte sein, mit jeder sprachlich kommunizierten Botschaft nicht nur das Bewusstsein des Menschen zu stimulieren, sondern auch die implizite Ebene, die wie bereits erwähnt der Hauptindikator für Entscheidungen und Verhalten ist.

Beispiel

Folgende Beispiele verdeutlichen die Wichtigkeit von Sprache auch für das UX Design. Eine Studie des Neurowissenschaftlers Vilaynur S. Ramachandran zeigt, dass 95 % englischsprachige Menschen das Wort „Bouba", das in Aussprache und Klang eher weich ist, mit einer runden, organischen Form verbinden und das Wort „Kiki", das einen harten Klang und eine harte Aussprache besitzt, mit einer kantigen, sternenartigen Form assoziieren. Dies gilt für englische Kinder ebenso wie für die Einwohner einer abgelegenen zentralafrikanischen Insel.

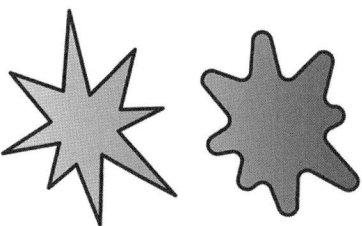

Nehmen wir an, der Markenwert „empathisch" ist Teil der Marke hinter dem in der nachfolgenden Abbildung gezeigten digitalen Produkt. Welche Statusanzeige würde den Wert „empathisch" besser codieren? Natürlich kommt der menschlich-empathische Aspekt in der Bezeichnung „I'm awake" wesentlich deutlicher zum Tragen als in der nüchternen Bezeichnung „Status: On".

Vor allem die Ausprägung des gesprochenen Wortes gewinnt in Zeiten des Internet of Things zunehmend an Bedeutung. Unternehmen wie Amazon und Apple beschäftigen inzwischen Dramaturgen und Schauspieler, um zu bestimmen, auf Basis welchen Charakters sich die mit künstlicher Intelligenz versehenen Assistenten wie Amazons Alexa, Apples Siri oder Microsofts Cortana mit ihren Nutzern unterhalten.

7.4 Symbolik

Der letzte im gegebenen Kontext erwähnenswerte Zugang zum menschlichen Gehirn wird durch die Kraft der Symbolik hergestellt. Symbole sind Bedeutungsträger, die implizit kulturell gelernte Aussagen effizient an den Autopiloten im Gehirn weiterleiten und so Entscheidungen und Verhalten hervorrufen (Scheier und Held 2006, S. 75).

Am Beispiel des Rabattsymbols lässt sich die Kraft dieses Zugangs gut verdeutlichen. Durch leuchtend rote Prozentzeichen, die im Handel auf Schildern oder auch in anderen Kommunikationskanälen gerne verwendet werden, vermittelt man dem Konsumenten allein durch die Farbgebung, man könnte hier Produkte zu einem günstigeren Preis erstehen. Ohne dass ein Wort gesprochen wurde oder ein wirklicher Austausch an Informationen stattgefunden hat, erlangt man die Aufmerksamkeit der Konsumenten. Durch Symbole wie das rote Rabattzeichen kann das sich im Frontallappen befindende Kontrollsystem des Menschen umgangen oder sogar ausgeschaltet werden (Scheier und Held 2006, S. 54 f.). Symbole haben somit die Macht, Botschaften sehr schnell und gezielt zu den Menschen zu transportieren, sie können das Verhalten lenken. Für das Neuromarketing gilt hier die Zielsetzung, Symbole mit Emotionen so weit aufzuladen, dass mit jedem Kontakt die Botschaften des Produktes oder der Marke kommuniziert werden (Scheier und Held 2006, S. 77). In diesem Kontext sei noch einmal das Beispiel des Dreimasters aus der Beck's Werbung aufgegriffen: Der Dreimaster ist ein eindeutiges Symbol für „Expedition", „Ausbruch", „Erleben", „Abenteuer", womit es die Motive der Zielgruppe eindeutig bedient. Die Bedeutung des Symbols „Dreimaster" wird implizit entschlüsselt.

▶   Kulturell gelernte und somit implizit leicht zu kommunizierende Codes
      auf Basis von Symbolen funktionieren besonders effizient. Symbole
      können den Autopiloten direkt ansprechen und so unmittelbar Verhal-
      ten auslösen.

Die Herausforderung für die Konzeption einer markenkongruenten User Experience besteht darin, die im Marketing verwendeten Symbole zielführend in das digitale Produkt zu integrieren. Das bereits beschriebene „Mail Chimp" nutzt den Affen als Symbol für die einfache Bedienung, die im übertragenen Sinne selbst einem Primaten gelänge. Der Affe als Assistent taucht im Laufe der Interaktion mit dem Produkt immer wieder auf, so beglückwünscht er den Nutzer beispielsweise auf originelle Weise nach dem erfolgreichen Versand eines Newsletters. Die Einfachheit in der Nutzung, die das Produkt Mail Chimp ausmacht, wird so mithilfe der Symbolik immer wieder im Gehirn des Nutzers verankert.

Fazit

Digitale Produkte bestehen aus mehr als ihrer visuellen Gestaltung. Sie können neben dem Auge auch das Gehör und den Tastsinn ansprechen. Gestalter erfolgreicher digitaler Produkte sollten ihren Fokus somit nicht nur auf die visuelle Gestaltung legen, sondern auch auf tiefer gehende Faktoren der Interaktion wie Multisensorik, Embodiment, Sprache und Symbolik. User Experience ist ein multisensorisch bespielbarer Vermarktungskanal, über den die

Botschaft einer Marke nachhaltig verankert werden kann. Entscheidungen in Bezug auf UX-Design-Konzepte können zielführend auf der Basis von Signalen und Codes getroffen werden, anstatt sich in zeitraubenden Geschmacksdiskussionen zu verlieren. Je mehr Codes für ein Produkt zur Verfügung stehen, desto nachhaltiger wird die zu transportierende Marken- bzw. Produktbotschaft im Gehirn der Konsumenten abgespeichert.

Literatur

Ariely, Norton. 2009. How concepts affect consumption. Forethought Grist. *Harvard Business Review* 87 (6): 14–16.

Häusel, H. G. 2009. *Emotional Boosting. Die hohe Kunst der Kaufverführung*, 1. Aufl. Planegg: Haufe.

Lindstrom, Martin. 2008. *Buyology: Warum wir kaufen, was wir kaufen*. Frankfurt a. M.: Campus.

Pritzel, Monika, Matthias Brand, und Hans J. Markowitsch. 2009. *Gehirn und Verhalten. Ein Grundkurs der physiologischen Psychologie*. Heidelberg: Spektrum Akademischer Verlag.

Scheier, Christian, und Dirk Held. 2006. *Wie Werbung wirkt*. Planegg: Haufe.

Scheier, Christian, Dirk Bayas-Linke, und Johannes Schneider. 2010. *Codes. Die geheime Sprache der Produkte*. Planegg: Haufe.

Traindl, Arndt. 2007. *Neuromarketing*. Linz: Trauner.

Digitale Produkte mit Identität und der Mehrwert von markengetriebenem User Experience Design

8

Zusammenfassung

Sobald wir mit einem digitalen Produkt interagieren, nehmen wir unbewusst sein Aussehen, sein Verhalten, seine Bedeutung wahr. Diese „Geschichte", die wir aus der Beschaffenheit eines Produktes herauslesen, kann mithilfe von Erkenntnissen aus der Neuropsychologie aktiv geschrieben werden. Aufbauend auf der semantischen Karte einer Marke wird für die Markenkernwerte zunächst das sogenannte Erfahrungswissen erarbeitet. Dieses beschreibt jene Erinnerungen, die wir mit dem entsprechenden Wert verbinden. Daraus werden wiederum jene Gestaltungselemente (Codes) abgeleitet, die den entsprechenden Wert auf Basis von mentalen Konzepten codieren. Diesem Gestaltungsansatz folgend kann sichergestellt werden, dass das digitale Produkt die „richtige Geschichte" erzählt und in jeder Interaktion die Werte einer Marke auslöst.

8.1 Interfaces als Gesichter einer Marke

Interfaces sind Gesichter. Im Englischen ist das Wort „Face" sogar ein Teil des Wortes „Interface". Wenn wir einem Menschen zum ersten Mal begegnen, versuchen wir automatisch, den Menschen und seine Bedeutung für uns einzuordnen: Ist er/sie sympathisch, offen, introvertiert, klug, professionell? Jeder Mensch löst Assoziationen und Emotionen in uns aus. Gleiches findet jedes Mal statt, wenn wir mit einem anderen Menschen interagieren. Wir versuchen unterbewusst, seine Gestik und Mimik, sein Verhalten zu deuten, zu interpretieren und die Auswirkungen dieses Verhaltens für uns einzuschätzen, damit wir entsprechend reagieren können.

© Springer Fachmedien Wiesbaden GmbH 2017
F. van de Sand, *User Experience Identity*,
DOI 10.1007/978-3-658-15959-7_8

Die Interaktion mit Interfaces folgt denselben Regeln. Sobald wir ein digitales Produkt benutzen, sei es zum ersten oder zum wiederholten Mal, lesen wir unterbewusst sein „Verhalten" und seine Bedeutung: Was ist dieses Produkt, was kann es, was bietet es mir, wie interagiere ich mit ihm? Wir entscheiden in Sekundenschnelle, ob ein Produkt für uns relevant und attraktiv ist. Ähnlich wie Gesichter, lösen also auch Interfaces Emotionen aus, sie erzählen Geschichten, vermitteln eine Identität. Jeder Mensch und jedes Gesicht hat eine Identität, die wir lesen – das Gleiche gilt für jedes Interface.

Unternehmen investieren große Summen in den Aufbau und die Kommunikation ihrer Marken, um bei ihrer Zielgruppe ein wahrnehmbares Bild (Image), Relevanz und Glaubwürdigkeit zu erzeugen und sich im Idealfall zusätzlich vom Wettbewerb zu differenzieren. Ein nachvollziehbares und an allen Kontaktpunkten kohärentes Markenbild generiert Vertrauen beim Konsumenten und sorgt für Bindung. Unternehmen legen bei ihren Marken sehr viel Wert darauf, die richtige Geschichte zu erzählen.

Noch immer ist es aber oft der Fall, dass die digitalen Produkte eines Unternehmens eine vollkommen andere Geschichte erzählen als jene, die die Marke auf allen anderen Kommunikationskanälen aussendet. Digitale Produkte wie Apps und Websites sind einer der häufigsten Kontaktpunkte eines Konsumenten mit einem Unternehmen. Sollten nicht gerade hier die Identität, die Geschichte, die Botschaft einer Marke am stärksten zur Geltung kommen? Dank Markenkommunikation hat ein Nutzer eine bestimmte Erwartung und Vorstellung bezüglich der Interaktion mit einem Unternehmen. Vor allem die digitalen Produkte eines Unternehmens können maßgeblich dazu beitragen, ein Markenbild nachhaltig zu verankern.

Mithilfe der in den Kap. 6 und 7 beschriebenen Erkenntnisse aus den Neurowissenschaften ist es möglich, die Wahrnehmung von Markenbotschaft und digitalen Produkten anzugleichen und digitale Produkte zu glaubwürdigen Botschaftern der Marke zu machen. Conceptual Consumption, mentale Konzepte und Codes helfen uns, die Werte einer Marke in ein digitales Produkt „einzubacken". Hierzu bedarf es der Erläuterung einiger Erkenntnisse aus den Neurowissenschaften.

Dass Nutzer intuitiv mit Produkten umgehen, ist allgemein bekannt. Sobald ein Nutzer z. B. bei der Nutzung einer App bewusst nachdenken muss, wie er von Punkt A nach Punkt B navigiert oder wie er eine Aufgabe erfolgreich ausführt, wird er die App nicht mehr nutzen wollen. Jede Interaktion muss möglichst mühelos und ohne großes Nachdenken vonstattengehen. Ein Nutzer will nicht über die Benutzung eines digitalen Produkts nachdenken, es muss funktionieren.

In Kap. 7 wurden bereits die unbewussten, gelernten Regeln beschrieben, nach denen wir (digitale) Produkte wahrnehmen und entsprechend benutzen. Um dies zu illustrieren, eignet sich das in Abb. 8.1 dargestellte Beispiel.

Das linke Bild zeigt zwei Felsen, deren Entfernung zueinander relativ einfach geschätzt werden kann. Die meisten Testpersonen würden hier wohl eine Entfernung von ca. 50 m schätzen. Bittet man nun die gleiche Gruppe Testpersonen, die Beziehung zwischen den zwei Menschen auf dem rechten Bild zu beschreiben, so werden Adjektive wie professionell, kühl, distanziert fallen. Beide Beschreibungen zielen auf das Thema Distanz, einmal auf physischer Ebene (als konkrete Angabe einer Maßeinheit) und einmal auf emotionaler Ebene (als Beschreibung einer zwischenmenschlichen Beziehung). Bemerkenswert ist, dass das menschliche Gehirn dem Effizienzprinzip folgt: Es verarbeitet physische wie emotionale Distanz im selben Hirnareal. Die Neurowissenschaften sprechen hier vom „mentalen Konzept" der Distanz (vgl. Kap. 7). Dies bedeutet wiederum, dass physische Eigenschaften eines Subjekts oder Objekts (wie beispielsweise die physische Distanz zwischen zwei Menschen) eine dahinterliegende, emotionale Ebene auslösen. So beschreiben wir Menschen, mit denen wir eine starke emotionale Bindung pflegen, als „uns nahestehend", wenngleich es keineswegs der Fall ist, dass sie sich permanent in unserer Nähe befinden. Mit physischer Nähe assoziieren wir eben auch emotionale Nähe, da wir in unserer Vergangenheit gelernt haben, dass beides zusammengehört (z. B. Umarmungen der Eltern).

Spielen wir weiter mit dem mentalen Konzept der Distanz. Neurowissenschaftler haben den Satz „What fires together, wires together" geprägt (vgl. Abschn. 3.3). Wenn emotionale Distanz und physische Distanz in der Vergangenheit besonders oft zusammen wahrgenommen wurden, so hat sich diese Verbindung auch in Form von Neuronenverbindungen in unserem Gehirn verstärkt. Was haben wir also noch

Abb. 8.1 Physische Distanz und emotionale Distanz. (COBE GmbH)

gelernt, mit physischer Distanz zu assoziieren? Die Abb. 8.2 und 8.3 zeigen hierzu zwei plastische Beispiele: Ein Redner in einem Parlament hat in der Regel zwischen sich und dem Publikum möglichst viel Platz. Gleichsam sitzen Königinnen und Könige noch heute meist auf einem Thron, der etwas erhaben ist und zwischen sich und dem Volk möglichst viel Platz lässt.

Abb. 8.2   EU Parlament. (Photo Credit: dpa)

Abb. 8.3   Königin Elizabeth II und Thron. (Photo credit: Throne, https://www.flickr.com/photos/zoonabar/3505709960/), by Chris Brown https://www.flickr.com/photos/zoonabar/, is licensed under CC BY 2.0 http://creativecommons.org/licenses/by/2.0/)

Beide genießen zu dem Zeitpunkt, an dem sie am Rednerpult stehen oder auf dem Thron sitzen, einen Status der Exklusivität. Alle Aufmerksamkeit ist auf sie gerichtet, sie grenzen sich bewusst von ihrer Umwelt ab. Wir lesen also aus der physischen Distanz, die zwischen den beiden Subjekten und der Umwelt besteht, auch eine emotionale Distanz und somit Abgrenzung und Exklusivität. Es existiert folglich eine regelhafte Verbindung zwischen den physischen Eigenschaften eines Subjekts oder Objekts und einer dahinterliegenden mentalen Ebene. Physische Eigenschaften wie Form, Farbe, Größe oder Verhalten lösen im Gehirn des Betrachters ein entsprechendes mentales Konzept aus. Sobald wir ein Subjekt/ Objekt wahrnehmen, entschlüsseln wir seine Bedeutung für uns. „Wir nutzen die physischen, anfassbaren und wahrnehmbaren Eigenschaften von Produkten auch im übertragenen Sinne. Das tun wir automatisch und so intuitiv, dass uns die dahinterliegende Komplexität dieses Vorgangs gar nicht bewusst ist" (Scheier et al. 2010).

Hierfür bieten die Produkte von Apple ein gutes Beispiel. Ein wichtiger Teil der Marketingstrategie ist die Positionierung im Premium-Segment. Apple-Produkte sind in der Regel wesentlich teurer als vergleichbare Produkte anderer Anbieter, sie sind von hoher Qualität in Bezug auf Ästhetik und Verarbeitung und verleihen ihren Besitzern eine Aura des Besonderen (manch einer hängt dem Unternehmen an wie einer Religion, stellt sich tage- und nächtelang in lange Warteschlangen, um ein Produkt der neuesten Generation kaufen zu können). Um einen angenommenen Markenwert wie „Exklusivität" an den Konsumenten zu kommunizieren, nutzt das Unternehmen nicht nur die bekannten Marketingkanäle. Auch ihre digitalen und analogen Produkte, ihr Shop Design, selbst das Verhalten der Mitarbeiter in den Apple Stores sind sehr bewusst und gezielt gestaltet.

Nehmen wir das Beispiel Apple Macbook und iPhone (Abb. 8.4). Die Positionierung des Logos ist so gewählt, dass zwischen Logo und der „Umwelt" möglichst viel Platz besteht. Bis auf die wenigen, notwendigen Informationen in Form von Schrift lenkt kein Gestaltungselement vom Logo ab oder kommt ihm zu nahe. Wie bereits erwähnt, assoziieren wir mit der Distanz, die zwischen dem Logo und der Umwelt besteht, dass die dahinterstehende Marke Apple exklusiv sein muss, was vollends auf eine mögliche Markenpositionierung einzahlt. Die Art der Positionierung des Logos ist ein Signal, das unser Gehirn decodiert und in das entsprechende mentale Konzept Distanz/Abgrenzung/Exklusivität übersetzt (Abb. 8.5).

Doch nicht nur das Apple-Produktdesign folgt dieser Logik. Auch die Website ist auf diese Weise aufgebaut (Abb. 8.6). Die Landing Page zeigt meist nur ein oder zwei Produkte, denen der maximale Wirkungsraum zur Verfügung gestellt wird, nichts gerät in ihre Nähe. Manches Produkt erhält eventuell einen leichten Schatten, um erhabener zu wirken. An jeder Stelle kommt das mentale

Abb. 8.4   Apple MacBook und iPhone 6

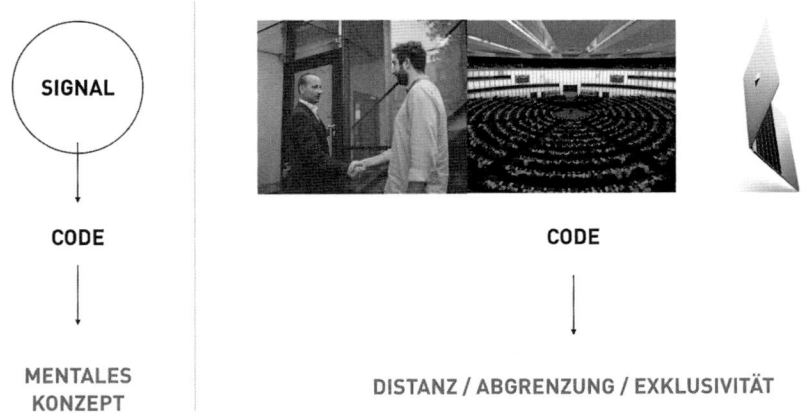

Abb. 8.5   Schaubild mentale Konzepte

Konzept der Exklusivität maximal zum Tragen. Gleiches gilt für die Apple Stores. Hier erhält jedes Produkt den maximal möglichen Raum zwischen sich und der Umwelt, um auch an dieser Stelle die Exklusivität der Produkte zu unterstreichen (Abb. 8.7). Der Vergleich wird deutlicher, wenn man sich die

Abb. 8.6 Screenshot www.apple.com

Abb. 8.7 Apple Store

Auslagen der gängigen Elektronikmärkte ins Gedächtnis ruft – hier herrscht eher reges Gedränge aufgrund hohen Absatzdrucks. Für Apple genießt das Markenbild eine höhere Priorität als die Anzahl der Produkte pro Quadratmeter. Und trotzdem erzielt Apple im Vergleich mit Abstand den höchsten Umsatz pro Quadratmeter in seinen Apple Stores (Süddeutsche Zeitung online 2012).

Dies hat zur Folge, dass ein Konsument an jedem erdenklichen Kontaktpunkt mit der Marke Apple, sei es Werbung, Store, digitales oder analoges Produkt, ein einheitliches, schlüssiges Bild des Unternehmens hat, das seinen Erwartungen entspricht und seine Ziele und Motive bedient.

8.2   User Experience als Verkörperung der Marke

Für den Bereich User Experience Design zeigen diese Erkenntnisse der Neurowissenschaften weitreichende Potenziale auf. UX Design kann und muss dazu genutzt werden, eine Markenbotschaft in jedem Gestaltungselement, in jeder Interaktion, Animation oder Transition zum Leben zu erwecken. Mentale Konzepte können durch die Art und Weise, wie ein digitales Produkt gestaltet ist, gezielt ausgelöst werden. Als Beispiel eignen sich wieder die Produkte der Marke Apple, in diesem Fall das mobile Betriebssystem iOS, im Vergleich mit jenen von Blackberry und Windows.

Der angenommene Markenwert „Exklusivität" ist nur ein Teil der Marke Apple. Als weitere plausible Markenwerte können „kreativ" (schließlich ist die Kreativbranche die Wiege des Erfolgs von Apple) und „leicht" (intuitiv und einfach für jedermann zu benutzen) angenommen werden. Während der Wert „exklusiv" hauptsächlich im Produktdesign, der Website und den Stores zur Geltung kommt, zahlt das mobile Betriebssystem iOS (Abb. 8.8) ausschließlich auf die Werte „kreativ" und „leicht" ein. Die Wahl der Farben ist bunt und freundlich, die Interaktion leicht und teilweise verspielt. Jede Animation und jeder Übergang sind bis ins letzte Detail durchgestaltet. Die Interaktion erfolgt spielerisch leicht, zumeist mit einem Finger, sei es der Daumen oder der Zeigefinger. Alles fühlt sich leicht, bunt, kreativ und verspielt an. Jeder Moment der Interaktion verstärkt das Bild der Marke und spricht so gezielt die Zielgruppe von Apple an, die sich größtenteils im Lifestyle-Bereich wiederfindet. Speziell die sogenannten Millennials, die als erste Generation mit der modernen Technologie, wie wir sie kennen, aufgewachsen sind, verknüpfen ihren materiellen Wohlstand mit technologischer Wissbegierde und einem hedonistischen Lebensstil – beides spricht Apple mithilfe von Kommunikation und Produktgestaltung gezielt an (Brandongaille 2015).

 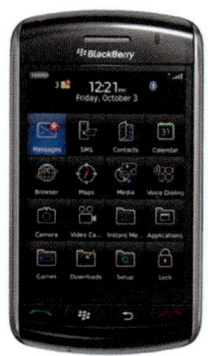 

Abb. 8.8 iOS, Blackberry OS, Windows Phone OS

Blackberry adressiert im Vergleich dazu ein vollkommen anderes Kunden-segment. Mit seinen hohen Sicherheitsstandards und der stark auf Unterneh-menskommunikation ausgerichteten Software stellte das Unternehmen RIM ursprünglich eine Lösung primär für Geschäftskunden zur Verfügung. Hier zäh-len Werte wie Performanz, Souveränität und Kontrolle. Und für diese Werte hat sich die Marke Blackberry plausibel positioniert. Abb. 8.8 zeigt den Vorgänger der aktuellen Software für Mobilgeräte, da dieser die bessere Interpretation der Marke in Bezug auf UX Design darstellt als das aktuelle Betriebssystem, welches sich stark an den aktuellen Gestaltungstrends, vorgegeben hauptsächlich durch Apple und Google, orientiert. Die dunkle Anmutung codiert zunächst den Wert Exklusivität und somit auch eine gewisse Souveränität, da die Farbe Schwarz sehr stark mit dem Luxussegment assoziiert wird. Die Gestaltung der Kacheln spielt mit Materialität; die polierten, leicht spiegelnden Oberflächen vermitteln Qualität und Hochwertigkeit. Die feinen weißen Linien und die reduzierte Farbgebung der Icons wiederum verbinden wir mit Reduktion, Präzision, Qualität und somit Sou-veränität und Kontrolle. Interaktion findet meist mit beiden Daumen statt, wäh-rend das Gerät in beiden Händen gehalten wird. Ein Blackberry nutzt man mittels eines „Kraftgriffs", es wird somit unterbewusst als Werkzeug wahrgenommen, während die Interaktion mit einem iPhone im Vergleich dazu verspielt und leicht ist (vgl. Abschn. 7.2.2 Embodiment).

Das dritte angeführte Beispiel Windows Phone unterstreicht noch ein-mal, wie wichtig es ist, dass die Marke und die Produkte eines Unternehmens die gleiche Sprache sprechen, beide dieselbe Geschichte erzählen. Das mobile

Betriebssystem von Windows ist stark durch den sogenannten Metro Designstil getrieben: Die bunten Kacheln können selbst arrangiert werden, ihr Inhalt aktualisiert sich laufend, die Wahl der Farben ist frei. Jeder Nutzer kann das Design der Software auf seine Bedürfnisse und seinen Geschmack zuschneiden. Das Interface wirkt neuartig, designgetrieben, progressiv, intelligent, vielfältig und individuell. Die Mehrzahl der Nutzer berichtet von einer hohen Zufriedenheit mit diesem Betriebssystem.

Dennoch will sich ein durchschlagender Erfolg des Windows Phone nicht recht einstellen. Einer der Gründe hierfür ist, dass die Wahrnehmung des Produktes, die User Experience, sich nicht mit den Werten deckt, die mit der Absendermarke Microsoft assoziiert werden. Wie bereits beschrieben, wirkt das Windows OS bunt, individuell, kreativ, vielfältig. Dies ist gewissermaßen die Antipode dessen, was im Allgemeinen mit der Marke Microsoft assoziiert wird, die noch immer mit Imageproblemen zu kämpfen hat (Persson 2000). Dem Absender Nokia, der bis vor nicht allzu langer Zeit als Innovationstreiber galt, traut man ein derart gestaltetes digitales Produkt zu. Beim Absender Microsoft Windows aber entsteht ein großer Widerspruch zwischen Wahrnehmung der Marke und dem Erleben des digitalen Produkts.

User Experience Design kann aber nicht nur dazu dienen, eine Marke umfassend und glaubhaft zu verkörpern. Auch bestimmte Werte oder Facetten einer Marke können mithilfe von UX Design gezielt kommuniziert und unterstrichen werden. Die erste Frage muss demnach immer lauten: Was soll die Geschichte sein, die das Produkt erzählt? Wie ist das Produkt beschaffen und welche mentalen Konzepte löst es somit aus? Ist es schwer oder leicht, weich oder hart, stolz oder zurückhaltend, dynamisch oder bedächtig? Ausgehend von den Werten einer Marke und dem Ziel der Übertragung dieser Werte in einzelne Produkteigenschaften ergeben sich klare Leitlinien für die Gestaltung und Beurteilung von Produkten.

Das in Abb. 8.9 gezeigte, fiktive Beispiel einer Lauf-App illustriert, dass die Fokussierung auf unterschiedliche Werte einer Marke unweigerlich ein unterschiedliches User Experience Design mit sich bringen muss. Denn die Entscheidung, den dynamisch verspielten (links), kraftvoll exklusiven (Mitte) oder empathisch zugänglichen (rechts) Teil der Marke mithilfe der Gestaltung einer App zu unterstreichen, muss fallen, bevor auch nur das erste Grobkonzept erstellt wird.

Der linke Entwurf in Abb. 8.9 zeigt, wie die Markenwerten „dynamisch", „energetisch" und „spielerisch" in das UX Design übertragen werden können. Dynamik assoziiert man mit Kraft, Geschwindigkeit, Bewegung. Als Code hierfür wurde die dynamisch ansteigende Linie des Start-Buttons gewählt. Das Freisetzen

Abb. 8.9 Gestaltung einer fiktiven Lauf-App auf Basis drei unterschiedlicher Marken-werte

von Energie verbindet man stark mit Helligkeit und Glühen. Auf diesem Konzept basiert die Farbwahl des leuchtenden Orange. Der Wert des Spielerischen ließe sich gut in verspielten, nicht zu nüchternen Animationen und Transitions codieren.

Das Design des mittleren Beispiels zeigt eine sehr dunkle Anmutung. Die Farbe Schwarz wird stark mit dem Luxussegment in Verbindung gebracht, was deutlich wird, wenn man die Kommunikation der meisten Luxusmarken betrachtet. Somit kann mit der Farbe Schwarz auch der Wert exklusiv codiert werden. Die Gestaltung des Start-Buttons erfolgte ebenso zielgerichtet. Es wurde ein fetter Schnitt für die Schrift gewählt, der Abstand zwischen der Schrift und dem Rand des Buttons ist gering. Die Schrift scheint fest im Button zu sitzen, fast aus ihm ausbrechen zu wollen vor Kraft.

Im letzten Beispiel wurde der Fokus auf Werte gelegt, die den Massenmarkt ansprechen könnten. Das Design wirkt hell und freundlich, reduziert und einfach. Die Formen sind weich und rundlich (z. B. ein Langloch für den Start-Button), das Farbspektrum in „menschlichen", pastelligen Tönen angelegt. Durch die Codes, die diese App aussendet, wirkt sie zugänglich, einfach und offen.

Was hier deutlich wird, ist einer der größten Vorteile dieser Methode: Es wird nicht um Geschmäcker gestritten. Viele Designer kennen den Fluchtreflex, der einsetzt, sobald im Rahmen einer Präsentation ein Entscheider seine Kritik mit den Worten einleitet „Mir persönlich gefällt Variante 1 besser, weil …" oder „Ich habe das mal meiner Frau gezeigt …". Ein Design-Diskurs auf der Ebene des

Geschmacks kann nie zielführend sein, da sie zu viele persönliche Meinungen abbildet, die nicht immer mit der Wahrnehmung des Konsumenten einhergehen müssen. Die im Rahmen dieses Fachbuchs beschriebene Methode ermöglicht es sinngemäß, bei der Gestaltung jedes Pixels, jeder Animation und Transition mit einem Markenwert zu argumentieren. Die Diskussion über die richtigen Codes sorgt für mehr Objektivität und führt letztendlich zu einer hohen Effizienz im Prozess der Entscheidungsfindung im UX Design: Entscheidungen werden strategisch in Bezug auf Signale, Codes und mentale Konzepte gefällt anstatt auf Basis von Geschmäckern. Im folgenden Abschnitt wird die UXi-Methode im Detail erläutert.

8.3   Die UXi-Methode

8.3.1   Semantische Karte

Mit der Marke als Ausgangspunkt jeder Überlegung in Bezug auf User Experience Design stellt sich die Frage: Was sind die Markenwerte meines Unternehmens? Welche Attribute beschreiben meine Identität auf eine für den Konsumenten möglichst ansprechende, glaubwürdige und idealerweise vom Wettbewerb differenzierende Art und Weise? Welche Assoziationen sollen ausgelöst werden? Zu diesem Zweck eignet sich eine semantische Karte der Markenwerte. Hier werden die Werte in drei Prioritäten und ihren semantischen Beziehungen zueinander dargestellt. Die Abb. 8.10 zeigt beispielhaft eine semantische Karte mit den Kernwerten Leichtigkeit, Dynamik und Empathie.

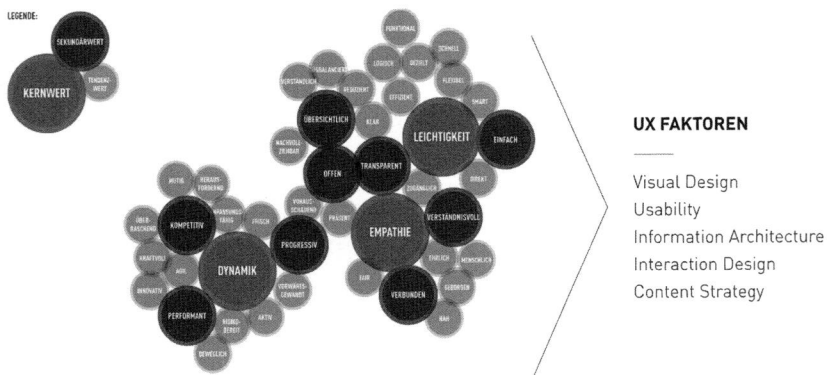

Abb. 8.10 Semantic Map

Diese Wertewelt stellt die Basis für alle weiteren Schritte des UXi-Prozesses dar. Auf sie kann immer wieder zurückgegriffen werden, wenn es um die Frage geht, ob die richtigen Werte in den richtigen Gestaltungselementen codiert werden. Ziel des Prozesses ist es, die zuvor definierten Markenwerte auf die relevanten Teile der User Experience (UI Design, Usability, Information Architecture, Interaction Design) des zu gestaltenden digitalen Produkts anzuwenden und so in jeder Interaktion die Identität der Marke zum Leben zu erwecken.

8.3.2   Konstituierende Signale und Erfahrungswissen

In den vorherigen Kapiteln wurde bereits beschrieben, wie unser Gehirn jedes Produkt, das wir benutzen, in einzelne, physische und wahrnehmbare Eigenschaften zerlegt. Diese Eigenschaften sind Signale, die wir in der Produktgestaltung bewusst nutzen wollen, um implizit die zur Marke passenden mentalen Konzepte zu aktivieren. Vor dem Hintergrund, dass das menschliche Gehirn elf Millionen Sinneseindrücke pro Sekunde verarbeitet, stellt sich die Frage: Wie weit gehen wir damit, Produkte in ihre Einzelteile zu zerlegen und gezielt zu gestalten? Müssen wir auf jedes noch so kleine Detail achten, um nicht versehentlich eine falsche Botschaft zu übermitteln? Glücklicherweise folgt das Gehirn strengen Effizienzprinzipien, die wir uns zunutze machen können. Es verwendet seine Energie nicht für jedes einzelne Detail eines Produkts, sondern bedient sich sogenannter konstituierender Merkmale: Nur die prototypischen Merkmale eines Objektes oder Subjektes werden abgespeichert. So erkennen wir zum Beispiel einen alten Freund, den wir lange nicht gesehen haben, trotz anderer Kleidung, neuer Brille und sichtlicher Alterung sofort an seinem Gang. Gleichermaßen erkennen wir einen Stuhl implizit daran, dass er vier Beine und eine Lehne besitzt oder „Light"-Produkte daran, dass die Verpackung im Vergleich zur Muttermarke mit entsättigten, hellen Farben arbeitet (die farbliche Entsättigung wird von unserem Gehirn als „Leichtigkeit" decodiert). Im Vergleich dazu sind die Verpackungen von Espresso, der Stärke und Intensität verkörpert, meist in dunklen, kräftigen Farben gehalten.

Die konstituierenden Merkmale lernt unser Gehirn ununterbrochen. Alles, was wiederholt zusammen auftritt, wird vom Autopiloten registriert. Die Verbindung jener Nervenzellen, die wiederholt zusammen „feuern", verstärkt sich im Laufe der Zeit und Dinge werden als zusammengehörig abgespeichert. So haben wir gelernt, dass leichte Dinge in der Regel oben sind und schwere Dinge unten, dass körperliche Nähe mit Bindung und Vertrauen zusammenhängt, dass sich schnell bewegende Objekte über eine gewisse Energie und Kraft verfügen und dass eine von links unten nach rechts oben ansteigende Linie (in unserem Kulturkreis) für Fortschritt und Wachstum steht.

▶ Die konstituierenden Merkmale eines Produktes können in verschiedenen Kulturkreisen unterschiedlich sein, denn unser Gehirn lernt von Geburt an implizit die Bedeutung von Produkten: Wie werden sie genutzt, wann werden sie genutzt, von wem werden sie genutzt? Dabei spielen eigene Erfahrungen und Beobachtungen, aber auch die Informationen aus Medien und Erzählungen eine Rolle (vgl. Abschn. 3.3 „What fires together, wires together").

Das Spiel mit den konstituierenden Merkmalen macht es einerseits möglich, dass wir eine lila Kuh noch immer als Kuh wahrnehmen, andererseits aber auch unmöglich, eine rote Nivea-Dose am Markt zu platzieren. Das Erkennen von konstituierenden Merkmalen ist also ein wichtiger erster Schritt auf dem Weg zur Gestaltung markenprägender Produkte. Sie geben für die Auswahl der passenden Signale vor, welche Signale kontinuierlich eingesetzt werden müssen, um aus Markensicht Kontinuität zu bewahren, und welche Elemente verändert werden können, um beispielsweise neue Zielgruppen anzusprechen.

Beispiel

Mit dem Wissen um konstituierende Merkmale erschließt sich schnell der Grundgedanke der Gestaltung des Logos der Deutschen Bank. Die ansteigende Linie verbinden wir mit Wachstum, das die Linie umschließende Quadrat mit einem schützenden Rahmen. So ergibt sich ein mentales Konzept, für das die Deutsche Bank stehen soll: kontinuierliches, dynamisches Wachstum in einem sicheren Umfeld (Deutsche Bank 2011).

Deutsche Bank ⧄

Dieses Wissen wird als „Erfahrungswissen" bezeichnet, da es auf den Erfahrungen beruht, die wir im Laufe unseres Lebens implizit wahrnehmen. Ein Forscherteam um Scott Kaufmann von der Universität Yale schreibt dazu im Fachjournal „Cognition" (Kaufmann et al. 2010): „Die Fähigkeit, automatisch und implizit Muster und Regeln in der Umwelt zu erkennen, ist ein fundamentaler Aspekt menschlicher Kognition."

Besonders relevant für die Aneignung des Erfahrungswissens sind die ersten sieben Lebensjahre. In dieser Zeit lernen wir nicht nur die Sprache, wir lernen auch den Großteil der Regeln, auf denen unser Zusammenleben basiert, und die Bedeutung der Dinge, mit denen wir interagieren. Hier wird angelegt, welche mentalen Konzepte wir mit welchen Signalen verknüpfen, und wir lernen somit auch die Codes der Produkte, die wir nutzen. Das Erfahrungswissen ist der Schlüssel zu den Codes eines Produktes. Ausgehend von der Markenpositionierung eines Unternehmens muss die erste Fragestellung sein: Welche Signale müssen bedient werden? Was konstituiert diesen Markenwert gemäß unserem Erfahrungswissen, was sind die impliziten Codes für diesen Markenwert?

Bedienen wir uns wieder der beispielhaften Markenpositionierung aus dem vorangegangenen Kapitel. Die auf den ersten Prozessschritt der Erstellung einer semantischen Karte der Marke (vgl. Abschn. 8.3.1) folgende Übung wäre die Untersuchung des Erfahrungswissens, das wir mit den verschiedenen Markenwerten verbinden. Welche Bilder, Eindrücke, Assoziationen, Gefühle verbinden wir mit dem entsprechenden Markenwert? Zur Aufstellung des Erfahrungswissens eignen sich beispielsweise Brainstorming Workshops. Die Abb. 8.11, 8.12 und 8.13 zeigen Moodboards des Erfahrungswissens für den jeweiligen Markenwert.

Die ausgewählten Bilder zeigen, was wir im Laufe unseres Lebens und in unserem Kulturkreis statistisch gelernt haben, mit dem Wert „Leichtigkeit" zu verbinden: Leichte Dinge sind in der Regel oben, sie schweben. Mit Leichtigkeit verbinden wir Helligkeit, Ruhe, Reduktion, aber auch Klarheit, Transparenz und Einfachheit.

Für den Wert „Dynamik" eröffnet sich eine gänzlich andere assoziative Welt: Dynamik verbinden wir mit Kraft und Agilität, Vorwärtsgewandtheit, Progressivität, Geschwindigkeit und dadurch Bewegungsunschärfe. Unter Spannung stehende Linien und Formen verkörpern Dynamik.

Betrachten wir das Erfahrungswissen für den dritten Markenwert Empathie, ergibt sich wiederum ein unterschiedliches Bild. „Empathie" bedeutet, dass sich ein Mensch in einen anderen Menschen hineinversetzen kann, sich mit ihm „auf Augenhöhe" befindet, sich auf der gleichen Ebene aufhält. Empathie ermöglicht eine besondere Verbindung zwischen zwei Menschen. Wir verbinden damit menschliche Wärme, Nähe, gegenseitige Unterstützung, Gemeinschaft, Zusammengehörigkeit und Geschlossenheit.

Als Ergebnis dieses Prozessschritts besitzen wir zunächst einmal ein besseres Verständnis des Erfahrungswissens, das wir mit dem entsprechenden Markenwert verbinden. Im nächsten Schritt soll diese Erkenntnis genutzt werden, um daraus Codes für die Gestaltung digitaler Produkte abzuleiten, die zu einer markenprägenden User Experience führen.

Abb. 8.11 Moodboard Erfahrungswissen „Leichtigkeit". (Quellen: Luftballons, https://www.flickr.com/photos/87007001@N04/1464379354/, von Shaun Fisher https://www.flickr.com/photos/87007001@N04/, is licensed under CC BY 2.0 http://creativecommons.org/licenses/by/2.0/ Feder, https://www.pexels.com/de/foto/makro-feder-nahansicht-123024/, von George ecker https://www.pexels.com/de/u/eye4dtail/, is licensed under CC BY 2.0 http://creativecommons.org/licenses/by/2.0/ Sprung, https://www.pexels.com/photo/person-jumping-photo-127968/. von Fröken Fokus https://www.pexels.com/u/froken-fokus-28117/, is licensed under CC BY 2.0 http://creativecommons.org/licenses/by/2.0/ Kaffeetasse, https://www.pexels.com/photo/black-liquid-in-white-ceramic-mug-131893/, von Brigitte Thom, https://www.pexels.com/u/brigitte-tohm-36757/, is licensed under CC BY 2.0 http://creativecommons.org/licenses/by/2.0/ Tropfen, https://www.pexels.com/photo/black-and-white-waves-close-up-view-circle-823/, von skitterphoto http://skitterphoto.com/?portfolio=water-drop-close-up, is licensed under CC BY 2.0 http://creativecommons.org/licenses/by/2.0/ Gänseblümchen, https://visualhunt.com/photo/901/close-up-of-daisys-petals/, von Visualhunt https://visualhunt.com/, is licensed under CC BY 2.0 http://creativecommons.org/licenses/by/2.0/)

Abb. 8.12 Moodboard Erfahrungswissen „Dynamik". (Quellen: Pferde, https://pixabay.com/de/pferd-herde-nebel-natur-wild-430441/, von Bhakti https://pixabay.com/de/users/Bhakti2-387310/, is licensed under CCO Public Domain https://pixabay.com/de/service/terms/#usage Pfeil, https://www.pexels.com/photo/road-winter-arrow-74780/, is licensed under CC BY 2.0 http://creativecommons.org/licenses/by/2.0/ U-Bahn, https://visualhunt.com/photos/t/1/train-departing-platform-in-subway.jpg, von Visualhunt https://visualhunt.com/, is licensed under CC BY 2.0 http://creativecommons.org/licenses/by/2.0/ Tänzer, https://www.pexels.com/de/foto/tanzen-bewegung-starke-athlet-134694/, von unplash https://unsplash.com/, is licensed under CC BY 2.0 http://creativecommons.org/licenses/by/2.0/ Licht, https://www.pexels.com/photo/light-colorful-colourful-blur-20721/, von Asim Alnamat https://www.pexels.com/u/asim-razan/, is licensed under CC BY 2.0 http://creativecommons.org/licenses/by/2.0/ Form, https://www.flickr.com/photos/rvoegtli/5084732242, von Rosmarie Voegtli https://www.flickr.com/photos/rvoegtli/, is licensed under CC BY 2.0 http://creativecommons.org/licenses/by/2.0/)

Abb. 8.13 Moodboard Erfahrungswissen „Empathie". (Quellen: Huckepack, https://www.pexels.com/photo/landscape-sunset-couple-love-136411/, von Scott Webb https://www.pexels.com/u/scott-webb-39047/, is licensed under CC BY 2.0 http://creativecommons.org/licenses/by/2.0/ Anker, https://de.pinterest.com/pin/414823815659189080/, von godlywomanhood https://www.instagram.com/godlywomanhood/, is licensed under CC BY 2.0 http://creativecommons.org/licenses/by/2.0/ Opa, https://www.flickr.com/photos/thomasleuthard/5546141288/, von Thomas Leuthard https://www.flickr.com/photos/thomasleuthard/, is licensed under CC BY 2.0 http://creativecommons.org/licenses/by/2.0/ Fußballer, https://www.flickr.com/photos/wwworks/1384952210/, von woodleywonderworks https://www.flickr.com/photos/wwworks/, is licensed under CC BY 2.0 http://creativecommons.org/licenses/by/2.0/ Hand, https://www.pexels.com/de/foto/hand-verbindung-palme-regenbogen-87584/, von Valeria Boltneva https://www.pexels.com/de/u/valeriya/, is licensed under CC BY 2.0 http://creativecommons.org/licenses/by/2.0/ Gruppenfoto, https://www.pexels.com/photo/selfie-family-generation-father-9746, von creativevix http://creativevix.com/stock.html, is licensed under CC BY 2.0 http://creativecommons.org/licenses/by/2.0/)

8.3.3   Implizite Codes und UX

Die Übersetzung des Erfahrungswissens in Codes stellt den zentralen Schritt des vorgestellten Prozesses dar. Es gilt zu definieren, welche Gestaltungselemente als konstituierende Merkmale eingesetzt werden müssen, um den gewünschten Markenwert zu codieren. Die Moodboards in Abb. 8.14, 8.15 und 8.16, zusammengestellt aus bestehenden Gestaltungsbeispielen, geben die Leitplanken für eine markenkongruente Gestaltung der UX eines Produktes vor. Sie gelten als Vorlage für die Gestaltung von Wireframes, UI Design und Animationen/Transitions. Auf sie kann im Laufe eines Projektes immer wieder zurückgegriffen werden, um zu überprüfen, ob ein Entwurf die Vorgabe erfüllt, aus UX-Sicht auf die Markenwerte einzuzahlen.

Bei der Auswahl der Designs zeigt sich die klare assoziative Verbindung zum Erfahrungswissen. Der eindeutigste Code für den Wert Leichtigkeit ist das „Gewicht" von Gestaltungselementen. Leichte Elemente scheinen noch oben hin wegzuschweben, mit einem leichten Schlagschatten versehen, wirken sie schwebend und somit ebenso leicht. Die Farbwahl ist reduziert und hell, kräftige Farben kommen nur spärlich zum Einsatz. Schriften sind dünn geschnitten und ohne ausladende Serifen, wirken so leicht und schnörkellos. Visuelle Ruhe, Ordnung und Klarheit sorgen für schnelles Erfassen und wahrnehmbare Einfachheit. Die Formensprache ist eher weich und rund und vereint einen „Simplicity"-Ansatz mit „Flat Design". Animationen und Transitions sollten ebenfalls mühelos und leichtgängig inszeniert werden.

Beispiel

Auch bei der Wahl von Transitions ist die Ableitung aus den Markenwerten essenziell. Diese werden kaum bewusst wahrgenommen, sind aber ein wichtiger Übermittler von Codes. Schwebt bei der Navigation innerhalb einer App die nächste Seite leicht wie ein Blatt Papier herein, so löst dies ein vollkommen anderes mentales Konzept (Leichtigkeit) in unserem Gehirn aus, als wenn die nächste Seite kraftvoll hereinfährt und einrastet wie eine Tresortür. Letzteres Beispiel wäre etwa für eine Banking App geeignet, da es mentale Konzepte wie Sicherheit und Zuverlässigkeit auslöst.

Betrachten wir nun die Gestaltungsbeispiele, die den Wert Dynamik auslösen sollen. Hier wird zunächst der große Unterschied zu den Beispielen deutlich, die für den Wert Leichtigkeit gesammelt wurden. Die Farben sind sehr kräftig, fast grell und glühend gewählt. Denn wie wir aus dem Erfahrungswissen gelernt haben, ist

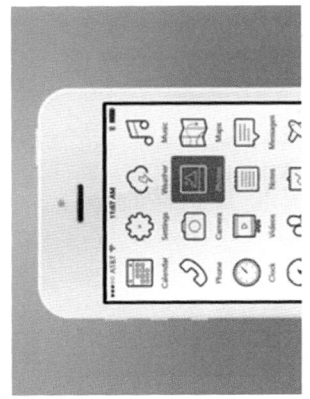

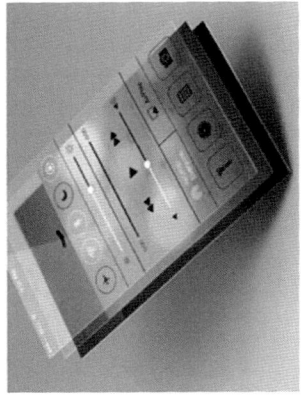

Abb. 8.14 Moodboard Codes „Leichtigkeit". (Quellen: Price Range, https://dribbble.com/shots/754412-Range-Selection, von Piotr Adam Kwiatkowski https://dribbble.com/p_kwiatkowski, is licensed under CC BY 2.0 http://creativecommons.org/licenses/by/2.0/ Icons, https://dribbble.com/shots/2073459-Skin-Care-Icons, von Richard W. Wingard III https://dribbble.com/rwingard3, is licensed under CC BY 2.0 http://creativecommons.org/licenses/by/2.0/ iPhone icons, https://dribbble.com/shots/1587773-iPhone-Reduced-Again, von Jesse James Pocisk https://dribbble.com/jessepocisk. is licensed under CC BY 2.0 http://creativecommons.org/licenses/by/2.0/ Rothaarige, https://dribbble.com/shots/2818986-Hitachi-s-hover-animation. von Marta Sánchez https://dribbble.com/mynameismarta, is licensed under CC BY 2.0 http://creativecommons.org/licenses/by/2.0/ iPhone Transperancy, https://dribbble.com/shots/1181444-Transparency-app-mockup. von Pixeden https://dribbble.com/pixeden, is licensed under CC BY 2.0 http://creative-commons.org/licenses/by/2.0/ Bett icon, https://dribbble.com/shots/376032-Light-as-a-Cloud, von Michael Spitz https://dribbble.com/michaelspitz, is licensed under CC BY 2.0 http://creativecommons.org/licenses/by/2.0/)

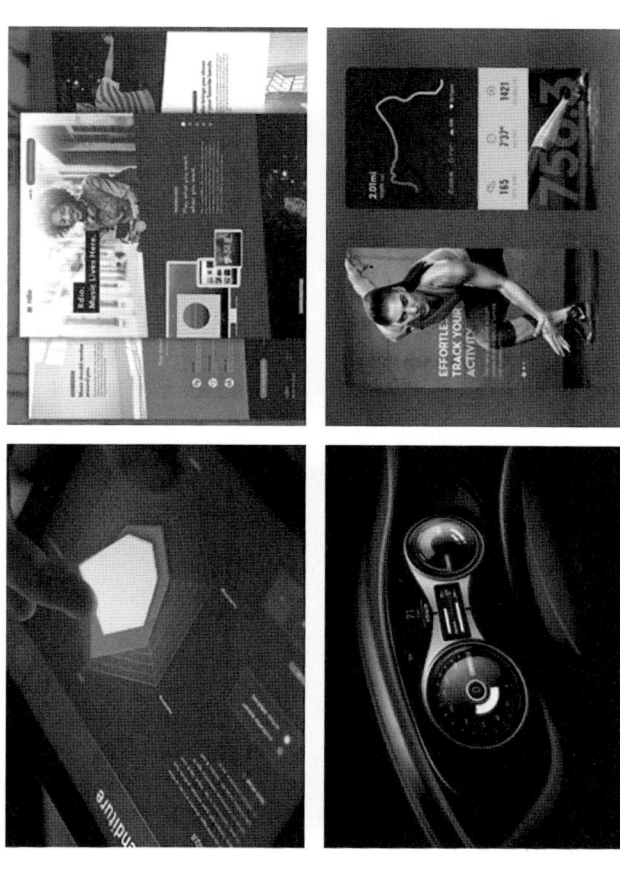

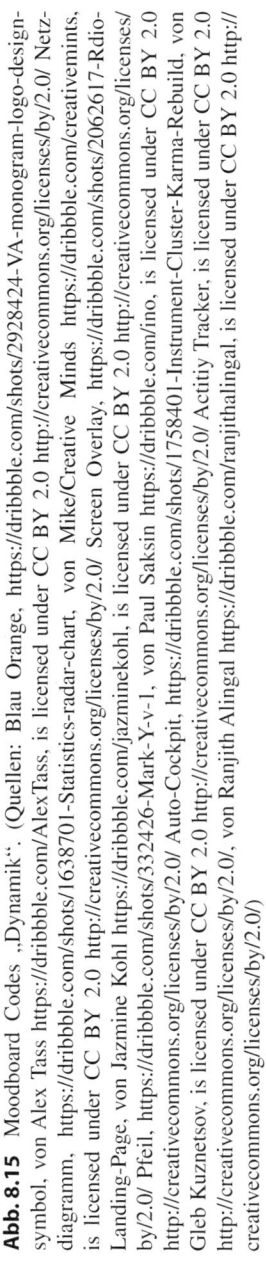

Abb. 8.15 Moodboard Codes „Dynamik". (Quellen: Blau Orange, https://dribbble.com/shots/2928424-VA-monogram-logo-design-symbol, von Alex Tass https://dribbble.com/AlexTass, is licensed under CC BY 2.0 http://creativecommons.org/licenses/by/2.0/ Netz-diagramm, https://dribbble.com/shots/1638701-Statistics-radar-chart, von Mike/Creative Minds https://dribbble.com/creativemints, is licensed under CC BY 2.0 http://creativecommons.org/licenses/by/2.0/ Screen Overlay, https://dribbble.com/shots/2062617-Rdio-Landing-Page, von Jazmine Kohl https://dribbble.com/jazminekohl, is licensed under CC BY 2.0 http://creativecommons.org/licenses/by/2.0/ Pfeil, https://dribbble.com/shots/332426-Mark-Y-v-1, von Paul Saksin https://dribbble.com/ino, is licensed under CC BY 2.0 http://creativecommons.org/licenses/by/2.0/ Auto-Cockpit, https://dribbble.com/shots/1758401-Instrument-Cluster-Karma-Rebuild, von Gleb Kuznetsov, is licensed under CC BY 2.0 http://creativecommons.org/licenses/by/2.0/ Actitiy Tracker, is licensed under CC BY 2.0 http://creativecommons.org/licenses/by/2.0/, von Ranjith Alingal https://dribbble.com/ranjithalingal, is licensed under CC BY 2.0 http://creativecommons.org/licenses/by/2.0/)

Abb. 8.16 Moodboard Codes „Empathie". (Quellen: Wetter App, https://dribbble.com/shots/2385996-Weather-App, von Paul Gole-biewski https://dribbble.com/PaulGole, is licensed under CC BY 2.0 http://creativecommons.org/licenses/by/2.0/ I'm awake, https://dribbble.com/shots/718256-I-m-awake, von Fares Farhan https://dribbble.com/faresfarhan, is licensed under CC BY 2.0 http://creativecommons.org/licenses/by/2.0/ Mocao, https://dribbble.com/shots/527377-Mocao, von Paresh Katri https://dribbble.com/kpdesigns, is licensed under CC BY 2.0 http://creativecommons.org/licenses/by/2.0/ Google Play, https://dribbble.com/shots/1196921-Google-Play, von Asher https://dribbble.com/kyotux, is licensed under CC BY 2.0 http://creativecommons.org/licenses/by/2.0/ Webbirds, https://dribbble.com/shots/2645169-Webfriends, von Becky Rother https://dribbble.com/beckyrother, is licensed under CC BY 2.0 http://creativecommons.org/licenses/by/2.0/ Rosa Musicplayer, https://dribbble.com/shots/2385338-Music-player, von Veronika Bass https://dribbble.com/yellowdress, is licensed under CC BY 2.0 http://creativecommons.org/licenses/by/2.0/)

für Dynamik ein hohes Maß an Kraft und Energie vonnöten. Schriften sind kursiv gesetzt, Gestaltungselemente weisen vorwärts, zeigen Fortschritt und Agilität. Bewegungsunschärfe vermittelt Geschwindigkeit, asymmetrisch schneidende, überwiegend ansteigende Linien stehen für den bewussten Bruch und somit für Progressivität. Linien und Flächen sind gespannt und/oder geschwungen. Animationen und Transitions zeigen federnde Elemente und beschleunigen schnell, alles scheint unter Spannung zu stehen.

Der Wert Empathie wiederum wird mithilfe von weichen Formen und eher pastelligen, „menschlichen" Farben codiert. Die menschliche Wärme, die wir mit Empathie assoziieren, kommt in warmen Farben wie Gelb und Orange zum Ausdruck. Gestaltungselemente überlappen sich, sind nah aneinander gruppiert oder verbunden. Dies codiert den verbindenden Aspekt des Werts Empathie. Hier kommt auch die Wahl der Sprache zum Tragen. Die Statusbezeichnung „I'm awake" wirkt wesentlich menschlicher und somit zugänglicher als zum Beispiel ein technisch-nüchternes „Status: On". Der Nutzer wird auf empathische Weise angesprochen und bei der Navigation und „Call to Actions" an die Hand genommen, statt zu viel Vorwissen vorauszusetzen. Die Formensprache ist rund, weich und vertraut, konkret und bekannt statt abstrakt und ungesehen. Gleiches gilt für das Raster, das ruhig, geordnet und somit vertraut aufgebaut ist, statt durch Asymmetrie Progressivität zu kommunizieren. Animationen verbinden einzelne Elemente nachvollziehbar miteinander.

▶ Noch bevor die erste Farbwelt bestimmt, ein Wireframe gezeichnet oder eine Schrift ausgewählt wurde, sollten die Prozessschritte „Semantische Karte", das für die Markenwerte gesammelte „Erfahrungswissen" und die Definition der auf dem Erfahrungswissen beruhenden „Codes" durchlaufen werden. Nach Abstimmung jedes der drei Schritte mit dem in den Gestaltungsprozess involvierten Stakeholder kann mit der tatsächlichen Gestaltung des Produktes begonnen werden. Auf diese Weise ist eine gemeinsam abgestimmte Argumentationsgrundlage für den weiteren Prozess geschaffen worden.

Der offensichtliche Vorteil der hier beschriebenen Methode ist, dass sie Gestaltern zwar eine gewisse Richtung vorgibt, aber nicht zu sehr einengt. Ein Produkt muss nicht auf Basis der letzten Design-Trends gestaltet werden und somit Gefahr laufen, modisch und schon bald nicht mehr zeitgemäß zu sein. Auch braucht ein Gestalter nicht „aus dem Bauch heraus" zu gestalten und so Gefahr zu laufen, in der Argumentation des Designs ins Geschmäcklerische abzudriften. Die Ableitung einer Designsprache aus den Markenwerten eines Unternehmens gibt allen am Gestaltungsprozess Beteiligten ein einheitliches Vokabular an die Hand. Jedes Gestaltungselement, sei es Typografie oder die Geschwindigkeit einer Animation, kann und sollte mit der Ableitung aus einem Markenwert argumentiert werden. Entscheidungen im Rahmen eines Gestaltungsprozesses können so nachvollziehbar und effizient getroffen werden.

8.4   Fallbeispiel HypoVereinsbank Mobile Banking App

Im Januar 2014 gab Theodor Weimer, Sprecher des Vorstands der HypoVereinsbank – UniCredit Bank (HVB) bekannt, dass bis Ende 2015 circa die Hälfte der bestehenden Filialen geschlossen werden würden. „Die Digitalisierung ist eine fundamentale Umwälzung, an der wir nicht vorbeikommen", erklärte Weimer dazu. „Der Kunde gibt den Takt vor. Filialen werden geschlossen, weil die Kunden diesen Vertriebsweg nicht mehr nutzen und andere Angebote einfordern" (Oberbayerisches Volksblatt 2014). Die verbleibende Hälfte der Filialen wolle man attraktiver und moderner gestalten, ihnen „Flagship-Charakter" verleihen, um so ein gehobeneres Kundensegment anzusprechen. Gepaart mit Investitionen in den Ausbau der Multikanalfähigkeit folgte diese Entscheidung einer grundlegenden, strategischen Neuausrichtung im Privatkundengeschäft. Diese Neupositionierung und die damit einhergehende Fokussierung auf ein vermögendes „Premium-Kundensegment" steht unter dem Thema „Anspruch" (s. Abb. 8.17). Das Thema wurde flächendeckend durch Printmotive kommuniziert und erstmals seit zehn Jahren wieder ein TV-/Kinospot geschaltet. Zu der Kampagne erläutert die HVB: „Anspruch hat nichts mit Geld zu tun. Ganz gleich, was man im Leben tut, es lohnt sich, anspruchsvoll zu sein. Ob es der Anspruch an sich selbst ist, der Anspruch an die Arbeit, die man tut, oder der Anspruch an die Dinge, die einen umgeben – Anspruch trennt ‚okay' von ‚exzellent' und Mittelmäßigkeit von Qualität. Unsere neue Kampagne richtet sich an Menschen, die das genauso sehen" (HypoVereinsbank 2016a). Weimer führt weiter aus: „Aus dem Anspruch des Kunden folgt ein hoher Anspruch an uns im Hinblick auf Qualität, Innovation und Sympathie. Die Ansprüche unserer Kunden sind der Kern unseres Handelns. Sie täglich zu erfüllen und uns dabei kontinuierlich zu verbessern, ist unser Anspruch. Und genau das zeigt die Kampagne" (HypoVereinsbank 2016b).

Im Rahmen des Ausbaus der Multikanalfähigkeit sollte folgerichtig ein starker Fokus auf die digitalen Produkte der HVB gesetzt werden. In Anbetracht der neuen strategischen Ausrichtung war eine kritische Betrachtung der bestehenden digitalen Produkte notwendig. Der Status der HVB Mobile Banking App macht

Abb. 8.17 HVB Kampagne „Anspruch"

den damaligen Unterschied zwischen Anspruch und Wirklichkeit, zwischen Markenbotschaft und der User Experience der Mobile Banking App offensichtlich.
Anspruch und Erwartung der Kunden, geschürt durch die neue Kampagne, standen in deutlichem Gegensatz zur Qualität des digitalen Produkts, das die HVB
ihren Kunden mit der Mobile Banking App an die Hand gab, vor allem in Bezug
auf Nutzerfreundlichkeit und Design. Die Mehrzahl der Nutzer ist heute die hohe
Qualität jener Gestaltungsstandards gewohnt, die Apple mit iOS und Google mit
dem sogenannten „Material Design" gesetzt haben. Folglich war das Rating im
App Store mit ca. 1,5 Sternen unterdurchschnittlich, die Rezensionen entsprechend negativ (s. Abb. 8.18). Ein Produktupdate war unerlässlich.

   Um die strategisch wichtige Neupositionierung der Marke auch in ihren digitalen Produkten verstärkt zu kommunizieren, wählte die HVB die UXi-Methode.
Der Wert „Anspruch" als ein Kernwert der Marke HVB sollte in jedem Pixel, in
jeder Interaktion mit einem digitalen Produkt der HVB wahrnehmbar sein. Der
Wert spiegelt die Positionierung im Premium-Segment wider und sollte sich vor
allem durch ein wertiges Erscheinungsbild ausdrücken.

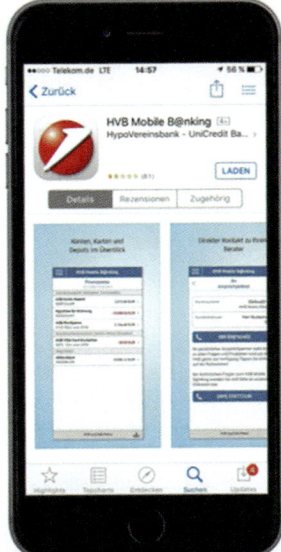

Abb. 8.18 Screenshots HVB Mobile Banking App im Apple App Store; Stand 11/2015

Das im Sommer 2016 gelaunchte Update der App macht im Vergleich zum Vorgänger die markengetriebene Herangehensweise deutlich (s. Abb. 8.19). Ziel des Gesamteindrucks ist eine hochwertige und vertrauenswürdige Wirkung. Trotz des Exklusivitätsanspruchs, für den die Marke HVB steht, soll die App zudem Offenheit und Transparent ausstrahlen. Beides wird erreicht durch eine großflächige Verwendung von Weißraum, großzügig angeordnete Gestaltungselemente wie Listen und Buttons und einen generellen Fokus auf die essenziellen Informationen. Charakteristisches Merkmal der neuen HVB Mobile Banking App ist eine smarte, minimalistische und gleichzeitig exklusive Anmutung.

Um dies zu erreichen, wurde zunächst die Designsprache auf ein zeitgemäßes Niveau gehoben und der Wert Anspruch in verschiedenen Aspekten des UX Design ausgespielt. Der selbstbewusste Exklusivitätsanspruch der HVB drückt sich durch einen großzügigen, fast verschwenderischen Umgang mit Weißraum aus. Die bewusste Inszenierung von Elementen und Inhalten (zum Beispiel durch Bühnen oder Ebenen) und der dezente Einsatz von Schmuckelementen verstärken diesen Eindruck. Gestaltungselemente wie Checkboxen, Radio Buttons, Buttons, Listenelemente etc. weichen vom Standard ab, indem sie mehr Raum als eigentlich nötig in Anspruch nehmen (s. Abb. 8.20).

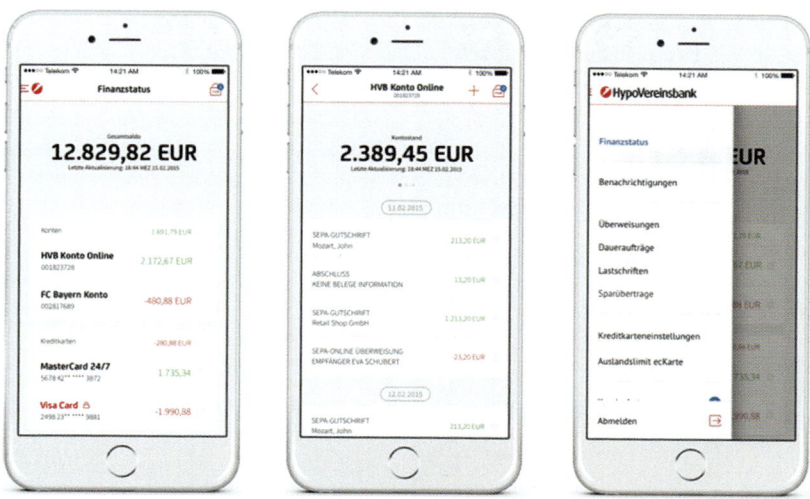

Abb. 8.19 HVB Mobile Banking App nach dem Relaunch im Sommer 2016: Log-in Screen, Kontoübersicht, Splash Screen

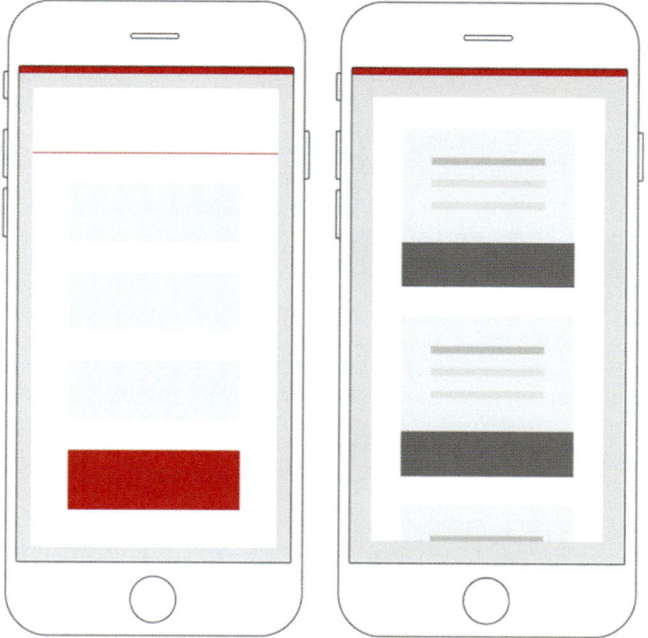

Abb. 8.20 Auszug HVB Mobile Banking App UX Styleguide

Durch die großzügige Verwendung von Weißraum entsteht zusätzlich ein Gefühl der Klarheit und Transparenz. Das Side-Menu ist mit einer Transparenz angelegt, die Navigation wirkt so nachvollziehbar und sicher, der Überblick über die wichtigsten Informationen ist stets gewährleistet. Ein strukturiertes, aufgeräumtes Raster ermöglicht schnelle Orientierung, Zugänglichkeit und Nachvollziehbarkeit, erzeugt einen Eindruck von Ordnung, Zuverlässigkeit und Sicherheit. Die reduzierte Farbpalette sowie große, eindeutige Elemente (Bilder, Typografie), die den Nutzer intuitiv leiten, vermitteln Souveränität. Bei den sparsam eingesetzten Farben dominieren zurückhaltende Grauwerte und die Farbe Rot. Beides strahlt eine gewisse Nüchternheit, Professionalität, Selbstbewusstsein und Exklusivität aus. Spitze Radien und feine Linien unterstreichen eine präzise und hoch qualitative Anmutung.

Um die kühle, präzise Anmutung etwas zu brechen, wurde beispielsweise für die Datumsanzeige ein Langloch-Element gewählt, das mit dem stärkeren Strich, abgerundeten Ecken und somit einer gewissen Weichheit den zugänglichen und empathischen Aspekt der Marke HVB betont. Empathie ist ebenso der richtungsweisende Wert bei der Wahl der Bilder. So wurde für den Splash Screen ein Bild gewählt, das in einer warmen Tönung gehalten ist und einen Großvater mit seinem Enkel (Empathie, Verbundenheit der Generationen) zeigt. Ähnliche Regeln für die Bildsprache gelten in jenem Bereich der App, in dem der Nutzer Kontakt mit seinem Berater aufnimmt.

Dieses Beispiel macht deutlich, wie wichtig es heute ist, die digitalen Produkte eines Unternehmens nicht willkürlich zu gestalten, sondern aus der Positionierung einer Marke abzuleiten. Denn die digitalen Produkte sind der Kontaktpunkt, an dem ein Konsument bzw. Nutzer tagtäglich mit einem Unternehmen interagiert. Hier wird die Qualität der Customer Experience maßgeblich geprägt. Kein Unternehmen kann es sich heute noch leisten, die gezielte Gestaltung dieses Kontaktpunkts dem Zufall zu überlassen.

Fazit

Die Wahrnehmung von Interfaces ist vergleichbar mit jener von Gesichtern. Wir lesen Interfaces unterbewusst, ordnen je nach seiner Beschaffenheit ein, ob es für uns eine Relevanz hat, unsere Motive und Ziele anspricht. Mithilfe von mentalen Konzepten, konstituierenden Merkmalen, dem Erfahrungswissen und den entsprechenden Codes kann sichergestellt werden, dass die „Geschichte", die ein digitales Produkt erzählt, deckungsgleich ist mit jener Geschichte, die ein Unternehmen über seine Marke auf all seinen Kommunikationskanälen erzählt. Der UXi-Prozess bietet Gestaltern adäquate Leitplanken für die Gestaltung markenprägender Produkte, gibt allen am

Gestaltungsprozess Beteiligten ein einheitliches Vokabular an die Hand und gewährleistet so einen reibungslosen Entscheidungsprozess. Das Ergebnis sind auf effiziente Weise gestaltete digitale Produkte, die in jedem Pixel, in jeder Interaktion die Werte der Absendermarke auslösen und verankern.

Literatur

Brandongaille. 2015. 18 key Apple target market demographics. http://brandongaille. com/18-apple-target-market-demographics/. Zugegriffen: 19. Sept. 2016.

Deutsche Bank Group Brand Communications. 2011. Markengeschichte. Die Entwicklung des Deutsche Bank Logos. http://www.heise.de/newsticker/meldung/Microsoft-Botschafterin-soll-das-Image-aufpolieren-20242.html. Zugegriffen: 1. Sept. 2016.

HypoVereinsbank. 2016a. Neue Kampagne 2016. https://about.hypovereinsbank.de/de/portraet/unsere-kampagne/. Zugegriffen: 21. Sept. 2016.

HypoVereinsbank. 2016b. HVB Insights. Folgen Sie Ihrem Anspruch. https://blog.hypovereinsbank.de/hypovereinsbank-werbung/. Zugegriffen: 21. Sept. 2016.

Kaufman, S. B., C. G. DeYoung, J. R. Gray, L. Jimenez, J. B. Brown, und N. Mackintosh. 2010. Implicit learning as an ability. *Cognition* 116:321–340.

Oberbayerisches Volksblatt. 2014. HypoVereinsbank schließt 300 Filialen. Oberbayerisches Volksblatt GmbH & Co. Medienhaus KG. http://www.ovb-online.de/wirtschaft/hypovereinsbank-schliesst-filialen-3413538.html. Zugegriffen: 21.Sept. 2016.

Persson. 2000. Microsoft-„Botschafterin" soll das Image aufpolieren. Heise online. http://www.heise.de/newsticker/meldung/Microsoft-Botschafterin-soll-das-Image-aufpolieren-20242.html. Zugegriffen: 21. Sept. 2016.

Scheier, Christian, Dirk Bayas-Linke, und Johannes Schneider. 2010. *Codes. Die geheime Sprache der Produkte*. Planegg: Haufe.

Süddeutsche Zeitung online. 2012. Größte Ausbeute pro Quadratmeter. Lukrative Apple-Stores. *Süddeutsche Zeitung*, 13 November. http://www.sueddeutsche.de/wirtschaft/lukrative-apple-stores-groesste-ausbeute-pro-quadratmeter-1.1521727. Zugegriffen: 19. Sept. 2016.

Fazit

Man kann nicht nicht kommunizieren. Sobald sich ein Unternehmen mit einem Produkt an den Markt begibt, kommuniziert es, ob gewollt oder ungewollt, auf vielerlei Kanälen und Ebenen. Die Kommunikation zwischen Unternehmen und ihren Kunden wird immer mehr zum Dialog, gleichzeitig steigt die Zahl der Kontaktpunkte. Customer Experience und User Experience spielen eine große Rolle bei der glaubhaften Vermittlung einer Unternehmensidentität. Demnach muss neben der Unternehmenskommunikation vor allem auch die Gestaltung von Produkten bewusst und gezielt auf die Werte einer Marke abgestimmt erfolgen. Die Geschichte, die das Marketing erzählt, die Erlebnisse, die ein Konsument mit einem Unternehmen hat, müssen zu jenen Bildern, Emotionen, Assoziationen und Erinnerungen passen, die der Nutzer/Konsument in jeder Interaktion mit den Produkten eines Unternehmens explizit und implizit wahrnimmt.

Die Erkenntnisse der Neurowissenschaften haben speziell im Bereich des Marketings viele Hoffnungen und Begehrlichkeiten geweckt. „Doch vor dem Versprechen, das Rätsel des menschlichen Geistes könne durch die Neurowissenschaft gelöst werden, sei gewarnt. Bei genauer Betrachtung ist die Neurobiologie weit davon entfernt, die Komplexität von Lebensphänomenen wie Bewusstsein, Freiheit, Liebe oder Glück aufzulösen", sagt dazu Prof. Dr. Ludger Tebartz van Elst, Leiter der Sektion Experimentelle Neuropsychiatrie und Sprecher des Süddeutschen Brain Imaging Centers an der Universitätsklinik Freiburg. Es ist noch lange nicht ausreichend ergründet, wie das Zusammenspiel von Emotionen mit rationalen Entscheidungsprozessen funktioniert (van Elst 2007). Die Bilder, die zum Beispiel ein fMRT Scan produziert, sind schwer zu interpretieren, sie werden oft falsch gelesen (Charisius 2016). Es gilt zudem die generelle Kritik an den Methoden des Neuromarketings: Das Testumfeld befindet sich in einer klinischen Umgebung, es ist artifiziell. Ein Proband ist sich in einer Testumgebung bewusst,

© Springer Fachmedien Wiesbaden GmbH 2017
F. van de Sand, *User Experience Identity*,
DOI 10.1007/978-3-658-15959-7_9

dass er getestet wird, was immer eine Unschärfe generiert. Eine Handlung findet aber vor allem situations- und ortsbezogen sowie personen- und emotionsbezogen statt.

Auch ethische Bedenken sind sowohl bei Verbraucherschützern und Bürgerrechtlern als auch bei Wissenschaftlern vorhanden. Durch die Nutzung von Hirnscannern bestehe die Gefahr der Manipulation des Konsumenten, der „gläserne Konsument" werde Wirklichkeit, die Privatsphäre des Menschen werde verletzt (ThinkNeuro 2011).

Das Neuromarketing ist aktuell nur in der Lage, sich den Motiven der Menschen anzunähern, und damit zurzeit noch weit von der tendenziell inhärenten Gefahr entfernt, manipulativ wirken zu können. Der Fortschritt im Neuromarketing kann nur so schnell voranschreiten, wie es die Hirnforschung zulässt. Speziell die Erforschung höherer kognitiver Prozesse im Zusammenhang mit den Emotionen befindet sich im Stadium der Grundlagenarbeit. „Wir brauchen noch 20 Jahre, bis wir solche Daten richtig analysieren können", sagt Prof. Dr. Logothetis, Direktor der Abteilung Physiologie kognitiver Prozesse am Max-Planck-Campus in Tübingen (Hardenberg 2010). Eine Ableitung marketingrelevanter Erkenntnisse ist mit äußerster Vorsicht vorzunehmen. Die Erforschung der Vorgänge im menschlichen Gehirn steht erst am Anfang und mit ihr die Marketingforschung.

Dennoch befindet sich das Neuromarketing auf dem Vormarsch. Der Einfluss des impliziten Systems auf unsere Entscheidungen und Handlungen ist nicht mehr von der Hand zu weisen, und somit wächst die Zahl der Unternehmen stetig, die auf neurowissenschaftliche Methoden vertrauen. Vor allem prinzipielle Ableitungen sind grundlegend von Nutzen. Es muss die Grundvoraussetzung geschaffen sein, dass ein Produkt mit dem Konsumenten auf die gewollte Weise kommuniziert. Hier liefern die Neurowissenschaften wertvolle Erkenntnisse. In Kombination mit einem erheblichen Erfahrungsschatz bilden sie eine belastbare Grundlage für einen zielführenden Design-Diskurs. Die Sprachlosigkeit der Probanden beziehungsweise die Suggestivkraft der Testagenturen, welche die Ergebnisse der meisten „Frontalverfahren" wie Eye-to-Eye-Interviews oder Fokusgruppentests verzerren, werden umgangen. Diese und vergleichbare Methoden sprechen ausschließlich und immer mit dem Piloten (Bewusstsein). Dank des Neuromarketings sind wir hingegen inzwischen auf einem guten Weg, Kommunikationswege mit dem Autopiloten (Unterbewusstsein) des Menschen herzustellen.

Die Potenziale bei der Ansprache des Autopiloten sind enorm. Produkte, die mit den richtigen Codes versehen sind, schaffen Relevanz, Glaubwürdigkeit und Differenzierung. Sie lösen gezielt ein bestimmtes mentales Konzept aus, ermöglichen die Verknüpfung von Erinnerungen. Das Produkt hält, was die Marke verspricht, und eine ganzheitliche Markenwahrnehmung entsteht. Zur Erreichung dieses Ziels hilft das Neuromarketing dabei, die Produkte spezifischer zu gestalten und die auszulösende Wahrnehmung detaillierter zu betrachten. Im Ergebnis kann Gestaltung nachvollziehbar argumentiert werden und es ist möglich, einzelne Gestaltungselemente auf auszulösende Codes zurückzuführen, dem Design wird so die Beliebigkeit genommen. Die richtige Kommunikation mit dem Autopiloten wird für den Erfolg von Marken und Produkten in unserer immer komplexer werdenden (Marketing-)Welt von essenzieller Bedeutung sein.

Das Neuromarketing kann zudem bei der Optimierung von Gestaltungsprozessen hilfreich sein. Die Validierung der Annahme, dass in der Interaktion mit einem Produkt die gewünschten Assoziationen ausgelöst werden, ist auf Basis von Codes nachvollziehbar durchzuführen. Denn vor allem der Zugang über das Erfahrungswissen bringt Objektivität in den sonst von subjektiv geprägten Entscheidungen bestimmten Gestaltungsprozess. Das Ergebnis der Prozessoptimierung sind weniger Fehlgriffe in der Gestaltung, somit niedrigere Kosten und ein effizienter und transparenter Prozess, an dessen Ende ein markenkongruentes, nachvollziehbares, ästhetisches und nicht zuletzt höchst erfolgreiches Produkt steht.

Mit der UXi-Methode werden die Grenzen zwischen Marketing und Design aufgelöst, was in Anbetracht der sich verändernden Rahmenbedingungen unumgänglich ist. Kampagnen, der POS und vor allem die digitalen Produkte eines Unternehmens müssen von Beginn an als integraler Bestandteil der Unternehmenskommunikation betrachtet werden. Hier werden Signale implizit und explizit wahrgenommen. Demnach müssen Codes über die unterschiedlichen Abteilungen hinweg gemeinsam definiert und durch eine maßgeschneiderte Vernetzung der verschiedenen Disziplinen beim Konsumenten ausgelöst werden. Exakt aufeinander abgestimmt, können Brand Experience, User Experience und somit Customer Experience messbar zum Erfolg eines Unternehmens beitragen.

Die Fähigkeit, die Erkenntnisse des Neuromarketings in einen praktisch umsetzbaren Leitfaden zu überführen, der den Gestaltern an die Hand gegeben werden kann, ist dabei essenziell. Den Gestaltern muss verständlich gemacht werden, welche Codes auf welche Weise in ein Produkt eingearbeitet werden können und sollten, aus welchem Grund dies beachtet werden muss und welchen Nutzen sie leisten.

Dabei gilt es, die Ebenen der Multisensorik, der Interaktion, der Sprache, der Symbolik und des Embodiments zu beachten, mit deren Hilfe die Ziele und Motive der Nutzer und Konsumenten gezielt angesprochen werden können. Denn es gilt: Je mehr Sinne ein Produkt gleichzeitig und aufeinander passend abgestimmt anspricht, desto nachhaltiger speichert sich die zu transportierende

Marken- bzw. Produktbotschaft im Gehirn des Nutzers oder Konsumenten ab. Insbesondere die Sprache und das Embodiment werden bei der umfassenden Gestaltung der Produkte im „Internet of Things" eine wichtige Rolle spielen. Denn die Art und Weise, wie Produkte mit uns sprechen, wie wir sie anfassen und nutzen, entscheidet maßgeblich darüber, wie wir den Charakter eines Produktes in der täglichen Interaktion wahrnehmen. Produkte werden so zu glaubhaften Botschaftern, zum Gesicht einer Marke, und helfen dabei, im Kampf um die Aufmerksamkeit des Nutzers und Konsumenten erfolgreich zu sein.

Die „Gestaltung aus dem Baukasten" auf Basis teils wenig differenzierter Markenbilder wirft die Frage auf, ob auf diesem Wege ein Formalismus entstünde, der nichts Neues mehr zuließe. Bliebe hier ein Gestaltungsfortschritt auf der Strecke? An dieser Stelle gilt es klar zu kommunizieren, dass gerade der gewollte Bruch mit dem Bekannten, in einem Ausmaß, das das Prototypische eines Produktes nicht gefährdet, der Königsweg zu gutem, erfolgreichem und differenziertem Design mit daraus resultierenden Marktchancen ist.

Der Königsweg kann aber nur erfolgreich beschritten werden, wenn die die Customer Experience betreffenden Abteilungen und die Design- und Entwicklungsabteilungen ihre Fähigkeiten vernetzen und so eng zusammenarbeiten wie nur möglich. Die Digitalisierung eröffnet in diesem Kontext neue Wege der Gestaltung einer einheitlichen Customer Experience. Neue Kontaktpunkte ermöglichen freiwilliges Involvement der User und Konsumenten. Im Dialog mit ihnen können neue Erkenntnisse bezüglich Wahrnehmung, User Experience und Markenführung gewonnen werden.

Literatur

Charisius, Hanno. 2016. Trugbilder im Hirnscan. Süddeutsche Zeitung. http://www.sueddeutsche.de/wissen/neuro-forschung-trugbilder-im-hirnscan-1.3063947. Zugegriffen: 21. Sept. 2016.

Elst, Tebartz van. 2007. Alles so schön bunt hier. Gehirn-Scans sagen viel weniger aus, als in sie hineininterpretiert wird. *Die Zeit*, 21. August. http://www.zeit.de/2007/34/M-Seele-Imaging/komplettansicht. Zugegriffen: 21. Sept. 2016.

Hardenberg, Nina von. 2010. Rätselhafte Kaufentscheidung. *Süddeutsche Zeitung,* 19. Mai. http://www.sueddeutsche.de/wirtschaft/neuro-marketing-raetselhafte-kaufentscheidung-1.900244. Zugegriffen: 21. Sept. 2016.

ThinkNeuro. 2011. Ethische Bedenken des Neuromarketings. Teil 1. http://www.thinkneuro.de/2011/01/30/ethische-bedenken-des-neuromarketings-teil-i/. Zugegriffen: 21. Sept. 2016.

17154171R00072

Printed in Poland
by Amazon Fulfillment
Poland Sp. z o.o., Wrocław